Holt
Matemáticas

Curso 3

Cuaderno de trabajo de tarea y práctica

HOLT, RINEHART AND WINSTON

A Harcourt Education Company

Orlando • **Austin** • New York • San Diego • London

ISBN 0-03-078481-6

5 6 7 8 9   1431   13 12 11 10 09

CONTENIDOS

Holt Matemáticas

CONTENIDOS, *CONTINUACIÓN*

Holt Matemáticas

CONTENIDOS, *CONTINUACIÓN*

Holt Matemáticas

CONTENIDOS, *CONTINUACIÓN*

Holt Matemáticas

Práctica

LECCIÓN 1-1 *Variables y expresiones*

Evalúa cada expresión para el valor dado de la variable.

1. $6x + 2$ para $x = 3$

2. $18 - a$ para $a = 13$

3. $\frac{1}{4}y$ para $y = 16$

4. $9 - 2b$ para $b = 3$

5. $44 - 12n$ para $n = 3$

6. $7.2 + 8k$ para $k = 2$

7. $20(b - 15)$ para $b = 19$

8. $n(18 - 5)$ para $n = 4$

Evalúa cada expresión para el valor dado de la variable.

9. $2x + y$ para $x = 7$ y $y = 11$

10. $4j - k$ para $j = 4$ y $k = 10$

11. $9a - 6b$ para $a = 6$ y $b = 2$

12. $5s + 5t$ para $s = 15$ y $t = 12$

13. $7(n - m)$ para $m = 4$ y $n = 15$

14. $w(14 - y)$ para $w = 8$ y $y = 5$

Si *c* es la cantidad de cuartos de limonada, entonces se puede usar $\frac{1}{4} c$ para hallar la cantidad de tazas de mezcla de limonada que se necesitan para prepararla. ¿Cuánta mezcla se necesita para preparar cada cantidad de limonada?

15. 2 cuartos

16. 8 cuartos

17. 12 cuartos

18. 18 cuartos

19. Si *m* es la cantidad de minutos que dura un viaje en taxi, entonces se puede usar $2 + 0.35m$ para hallar el costo de un viaje en un taxi de la compañía de taxis de Bill.

¿Cuánto costará un viaje de 12 minutos? _____

Holt Matemáticas

LECCIÓN Práctica
1-2 *Expresiones algebraicas*

Escribe una expresión algebraica para cada expresión con palabras.

1. 6 menos que el doble de *x*

2. 1 más que el cociente de 21 y *b*

_____

3. 3 por la suma de *b* y 5

4. 10 por la diferencia de *d* y 3

_____

5. la suma de 11 por *s* y 3

6. 7 menos el producto de 2 y *x*

_____

Escribe una expresión con palabras para cada expresión algebraica.

7. $2n + 4$

8. $3r - 1$

_____

9. $10 - 6n$

10. $7 + \dfrac{2}{c}$

_____

11. $15x - 12$

12. $\dfrac{y}{5} + 8$

_____

13. Maddie gana $8 por hora. Escribe una expresión algebraica para evaluar cuánto dinero ganará Maddie si trabaja 15, 20, 25 ó 30 horas.

n		Ganancias
15		
20		
25		
30		

14. Escribe un problema con palabras que se pueda evaluar mediante la expresión algebraica $y - 95$ y evalúalo para $y = 125$.

_____

_____

_____

Holt Matemáticas

LECCIÓN 1-3 Práctica
Enteros y valor absoluto

Escribe los enteros en orden de menor a mayor.

1. 7, 3, −9   **2.** −6, 2, −5   **3.** −4, 1, −1

_____   _____   _____

4. −8, 2, −11   **5.** −12, −15, 0   **6.** −24, −17, 30

_____   _____   _____

7. 16, −14, −7   **8.** −9, −7, −16   **9.** −19, −23, −10

_____   _____   _____

Halla el inverso aditivo de cada entero.

10. −8   **11.** 6   **12.** −14   **13.** 29

_____   _____   _____   _____

Evalúa cada expresión.

14. $|-8| + |-4|$ **15.** $|-12| + |12|$ **16.** $|19| + |-8|$

_____   _____   _____

17. $|29 - 16|$ **18.** $|35 - 9|$ **19.** $|14 - 14|$

_____   _____   _____

20. $|-15| + |10|$ **21.** $|-9| + |30|$ **22.** $|24| + |-8|$

_____   _____   _____

23. Natalie lleva un registro de su puntaje en el boliche. Los puntajes que obtuvo en los partidos de este sábado en relación con su mejor puntaje del sábado pasado son: partido A, 6; partido B, −3; partido C, 8; y partido D, −5. Usa < >, ó = para comparar los primeros dos partidos. Luego, haz una lista de los partidos del puntaje menor al mayor.

_____

Holt Matemáticas

Práctica

Cómo sumar enteros

Usa una recta numérica para hallar cada suma.

1. $3 + 1$

_____

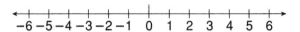

2. $-3 + 2$

_____

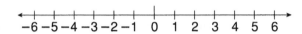

Suma.

3. $-5 + 18$ **4.** $-10 + 17$ **5.** $-22 + (-9)$ **6.** $24 + (-15)$

_____   _____   _____   _____

Evalúa cada expresión para el valor dado de la variable.

7. $r + 7$ para $r = 3$ **8.** $m + 5$ para $m = 9$ **9.** $x + 9$ para $x = 4$

_____   _____   _____

10. $-6 + t$ para $t = -8$ **11.** $-7 + y$ para $y = -4$ **12.** $x + 9$ para $x = -8$

_____   _____   _____

13. $-5 + d$ para $d = -2$ **14.** $x + (-4)$ para $x = -4$ **15.** $k + (-3)$ para $k = -5$

_____   _____   _____

16. $-8 + b$ para $b = 13$ **17.** $-10 + d$ para $d = -2$ **18.** $t + (-3)$ para $t = 3$

_____   _____   _____

19. Joleen tiene una colección de 2560 estampas. Compra 165 estampas nuevas para la colección. ¿Cuántas tiene ahora?

_____

20. El corredor de los Bears lleva la pelota dos veces en el primer cuarto. En la primera corrida gana quince yardas y en la segunda pierde 8 yardas. ¿Cuánto suman las dos corridas?

_____

Holt Matemáticas

LECCIÓN 1-5 Práctica
Cómo restar enteros

Resta.

1. 8 − 2

2. 10 − 5

3. 7 − 12

4. 16 − 10

_____ _____ _____ _____

5. 3 − 10

6. 16 − 9

7. −4 − 9

8. −8 − 10

_____ _____ _____ _____

9. 33 − 57

10. 16 − 49

11. −114 − 19

12. −88 − (−10)

_____ _____ _____ _____

Evalúa cada expresión para el valor dado de la variable.

13. $x - 8$ para $x = 10$

14. $w - 10$ para $w = 15$

15. $15 - w$ para $w = 8$

_____ _____ _____

16. $12 - t$ para $t = -8$

17. $15 - x$ para $x = -12$

18. $w - 20$ para $w = -15$

_____ _____ _____

19. $-15 - x$ para $x = -10$ **20.** $-9 - x$ para $x = -20$ **21.** $-11 - d$ para $d = -15$

_____ _____ _____

22. $y - (-10)$ para $y = -10$ **23.** $x - (-15)$ para $x = -5$ **24.** $a - (-12)$ para $a = 10$

_____ _____ _____

25. El monte Blackburn, ubicado en Alaska, mide 16,390 pies.
El monte Elbert, ubicado en Colorado, mide 14,433 pies.
¿Qué diferencia de altura hay entre las dos montañas?

_____

26. En enero, Jessie pesaba 230 libras. En noviembre, pesaba
185 libras. ¿Cuánto cambió el peso de Jessie?

_____

Holt Matemáticas

Práctica

LECCIÓN 1-6 *Cómo multiplicar y dividir enteros*

Multiplica o divide.

1. $6 \cdot 7$

2. $\frac{-15}{5}$

3. $-7 \cdot 3$

4. $\frac{20}{-4}$

5. $\frac{-36}{-4}$

6. $-8(-9)$

7. $\frac{-48}{-6}$

8. $7(-7)$

9. $5(-8)$

10. $(-6)(-9)$

11. $\frac{-36}{4}$

12. $\frac{42}{-7}$

13. $-9(-3)$

14. $(-4)(8)$

15. $\frac{-54}{-9}$

16. $\frac{-72}{8}$

Simplifica.

17. $-5(3 + 7)$

18. $10(8 - 2)$

19. $-4(12 - 3)$

20. $9(15 - 8)$

21. $12(-9 + 4)$

22. $-11(7 - 13)$

23. $15(-12 + 8)$

24. $-10(-8 - 6)$

25. $6(-12 + 1)$

26. $-5(3 - 12)$

27. $-8(-5 - 5)$

28. $7(12 - 3)$

29. $10(-7 - 1)$

30 $12(2 - 5)$

31. $-15(-2 - 1)$

32. $9(8 - 20)$

33. Kristin y tres amigas compran una pizza de doce porciones y la dividen en partes iguales. ¿Cuántas porciones recibirá cada una?

_____

34. La temperatura durante cuatro días consecutivos fue de $-1°$ F, $-5°$ F, $8°$ F y $-6°$ F. ¿Cuál fue el promedio de temperatura de esos cuatro días?

_____

Holt Matemáticas

Práctica

LECCIÓN 1-7 *Cómo resolver ecuaciones mediante la suma o la resta*

Determina qué valor es una solución de la ecuación.

1. $x - 6 = 12$; $x = 6, 8$ ó 18

2. $9 + x = 17$; $x = 6, 8$ ó 26

_____

_____

3. $x - 12 = 26$; $x = 14, 38$ ó 40

4. $x + 18 = 59$; $x = 37, 41$ ó 77

_____

_____

Resuelve.

5. $n - 8 = 11$

6. $9 + g = 13$

7. $y + 6 = 2$

_____

_____

_____

8. $-6 + j = -12$

9. $s - 8 = 11$

10. $-16 + r = -2$

_____

_____

_____

11. $a + 35 = 51$

12. $m - 6 = -13$

13. $d - 12 = -5$

_____

_____

_____

14. $7.5 + c = 10.6$

15. $y - 1.7 = 0.6$

16. $m - 2.25 = 4.50$

_____

_____

_____

17. Dos hermanas, Jenny y Penny, juegan en el mismo equipo de básquetbol. En la temporada pasada, anotaron un total de 458 puntos entre las dos. Jenny anotó 192 puntos. Escribe y resuelve una ecuación para hallar la cantidad de puntos que anotó Penny.

_____

18. Después de hacer un pago, el saldo de la tarjeta de crédito del señor Weber era de $245.76. El pago fue de $75. Escribe y resuelve una ecuación para hallar de cuánto era la cuenta de su tarjeta de crédito.

_____

Holt Matemáticas

Práctica

LECCIÓN 1-8 *Cómo resolver ecuaciones mediante la multiplicación o la división*

Resuelve y comprueba.

1. $4w = 48$

2. $8y = 56$

3. $-4b = 64$

_____

_____

_____

4. $\dfrac{x}{4} = -9$

5. $\dfrac{v}{-6} = -14$

6. $\dfrac{n}{21} = -3$

_____

_____

_____

7. $5a = -75$

8. $54 = 3q$

9. $23b = 161$

_____

_____

_____

10. $\dfrac{k}{21} = 15$

11. $\dfrac{w}{-17} = 17$

12. $11 = \dfrac{r}{34}$

_____

_____

_____

13. $672 = -24b$

14. $\dfrac{u}{25} = 13$

15. $42m = -966$

_____

_____

_____

16. $3x + 7 = 16$

17. $\dfrac{t}{5} + 8 = 10$

18. $5 = 2n - 3$

_____

_____

_____

19. Alex anotó 13 puntos en un juego de básquetbol. Esto representa $\dfrac{1}{5}$ del total de puntos que anotó su equipo. Escribe y resuelve una ecuación para determinar el total de puntos *e* que anotó su equipo.

_____

20. En la Compañía de Velas, los vasos con velas cuestan $4. Nikki gastó $92 en vasos con velas para regalar en una fiesta. Escribe y resuelve una ecuación para determinar cuántos vasos con velas, *v*, compró Nikki en la Compañía de Velas.

_____

Holt Matemáticas

LECCIÓN **Práctica**

1-9 *Introducción a las desigualdades*

Compara cada desigualdad. Escribe < ó >.

1. $7 + 10$ ☐ 16

2. 21 ☐ $4(5)$

3. $25 - 7$ ☐ 19

4. 58 ☐ $7(8)$

5. $-4(8)$ ☐ -30

6. $3 - 8$ ☐ -2

7. $7 + (-7)$ ☐ -17

8. $9(-7)$ ☐ -70

9. $-43 + (-18)$ ☐ -23

Resuelve y representa gráficamente cada desigualdad.

10. $x + 4 > 9$

_____

11. $c - 6 \leq 1$

_____

12. $y + 3 \geq -8$

_____

13. $3 + v < -5$

_____

14. $7 + x \leq 10$

_____

15. $s - 4 < -10$

_____

16. $b - 2 \leq 5$

_____

17. $7 + n > -2$

_____

18. $r + 6 \geq -1$

_____

19. $-9 + w < -15$

_____

20. $14 + k > 25$

_____

21. $a - 8 \geq -12$

_____

22. $k + 3 \leq 0$

_____

23. $n + 6 \geq 2$

_____

24. $-1 + b \leq -1$

_____

Holt Matemáticas

Práctica

Números racionales

Simplifica.

1. $\frac{6}{9}$

2. $\frac{48}{96}$

3. $\frac{13}{52}$

4. $-\frac{7}{28}$

_____

5. $\frac{15}{40}$

6. $-\frac{4}{48}$

7. $-\frac{14}{63}$

8. $\frac{12}{72}$

_____

Escribe cada decimal como una fracción en su mínima expresión.

9. 0.72

10. 0.058

11. −1.65

12. 2.1

_____

13. 0.036

14. −4.06

15. 2.305

16. 0.0064

_____

17. −0.60

18. 6.95

19. 0.016

20. 0.0005

_____

Escribe cada fracción como un decimal.

21. $\frac{1}{8}$

22. $\frac{8}{3}$

23. $\frac{14}{15}$

24. $\frac{16}{5}$

_____

25. $\frac{11}{16}$

26. $\frac{7}{9}$

27. $\frac{4}{5}$

28. $\frac{31}{25}$

_____

29. Escribe una fracción que no se pueda simplificar y que tenga 24 como denominador.

_____

Holt Matemáticas

Práctica

Cómo comparar y ordenar números racionales

Compara. Escribe <, > ó =.

1. $\dfrac{1}{8} \square \dfrac{1}{10}$ **2.** $\dfrac{3}{5} \square \dfrac{7}{10}$ **3.** $-\dfrac{1}{3} \square -\dfrac{3}{4}$

4. $\dfrac{5}{6} \square \dfrac{3}{4}$ **5.** $-\dfrac{2}{7} \square -\dfrac{1}{2}$ **6.** $1\dfrac{2}{9} \square 1\dfrac{2}{3}$

7. $-\dfrac{8}{9} \square -\dfrac{3}{10}$ **8.** $-\dfrac{4}{5} \square -\dfrac{8}{10}$ **9.** $0.08 \square \dfrac{3}{10}$

10. $\dfrac{11}{15} \square 0.7\overline{3}$ **11.** $2\dfrac{4}{9} \square 2\dfrac{3}{4}$ **12.** $-\dfrac{5}{8} \square -0.58$

13. $3\dfrac{1}{4} \square 3.3$ **14.** $-\dfrac{1}{6} \square -\dfrac{1}{9}$ **15.** $0.75 \square \dfrac{3}{4}$

16. $-2\dfrac{1}{8} \square -2.1$ **17.** $1\dfrac{1}{2} \square 1.456$ **18.** $-\dfrac{3}{5} \square -0.6$

19. El lunes, Gina corrió 1 milla en 9.3 minutos. El tiempo que le llevó correr 1 milla los cuatro días siguientes en relación con el tiempo que le llevó el lunes fue de $-1\dfrac{2}{3}$ minutos, -1.45 minutos, -1.8 minutos y $-1\dfrac{3}{8}$ minutos. Ordena estos tiempos relativos de menor a mayor.

_____

20. El sendero A mide 3.1 millas de longitud. El sendero C mide $3\dfrac{1}{4}$ millas de longitud. El sendero B es más largo que el sendero A, pero más corto que el sendero C. ¿Cuál es una distancia razonable para representar la longitud del sendero B?

_____

     Holt Matemáticas

Nombre_____ Fecha _____ Clase _____

LECCIÓN 2-3 **Práctica**
Cómo sumar y restar números racionales

1. Gretchen compró un suéter a $23.89. Además, tuvo que pagar $1.43 de impuestos sobre la venta. Le dio $30 a la vendedora. ¿Cuánto vuelto recibió Gretchen por la compra total?

2. Jacob está reemplazando la moldura de dos lados de un portarretratos. Las medidas de los lados del portarretratos son $4\frac{3}{16}$ pulg y $2\frac{5}{16}$ pulg. ¿Cuánta moldura necesitará?

Usa una recta numérica para hallar cada suma.

3. $-0.5 + 0.4$

_____

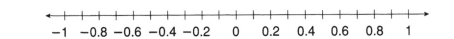

4. $-\frac{2}{7} + \frac{6}{7}$

_____

Suma o resta. Simplifica.

5. $\frac{3}{8} + \frac{1}{8}$ **6.** $-\frac{1}{10} + \frac{7}{10}$ **7.** $\frac{5}{14} - \frac{3}{14}$ **8.** $\frac{4}{15} + \frac{7}{15}$

9. $\frac{5}{18} - \frac{7}{18}$ **10.** $-\frac{8}{17} - \frac{2}{17}$ **11.** $-\frac{1}{16} + \frac{5}{16}$ **12.** $\frac{3}{20} + \frac{1}{20}$

Evalúa cada expresión para el valor dado de la variable.

13. $38.1 + x$ para $x = -6.1$ **14.** $18.7 + x$ para $x = 8.5$ **15.** $\frac{8}{15} + x$ para $x = -\frac{4}{15}$

Holt Matemáticas

Nombre _____ Fecha _____ Clase _____

Práctica

Cómo multiplicar números racionales

Multiplica. Escribe cada respuesta en su mínima expresión.

1. $8\left(\dfrac{3}{4}\right)$

2. $-6\left(\dfrac{9}{18}\right)$

3. $-9\left(\dfrac{5}{6}\right)$

4. $-6\left(-\dfrac{7}{12}\right)$

_____

_____

_____

_____

5. $-\dfrac{5}{18}\left(\dfrac{8}{15}\right)$

6. $\dfrac{7}{12}\left(\dfrac{14}{21}\right)$

7. $-\dfrac{1}{9}\left(\dfrac{27}{24}\right)$

8. $-\dfrac{1}{11}\left(-\dfrac{3}{2}\right)$

_____

_____

_____

_____

9. $\dfrac{7}{20}\left(-\dfrac{15}{28}\right)$

10. $\dfrac{16}{25}\left(-\dfrac{18}{32}\right)$

11. $\dfrac{1}{9}\left(-\dfrac{18}{17}\right)$

12. $\dfrac{17}{20}\left(-\dfrac{12}{34}\right)$

_____

_____

_____

_____

13. $-4\left(2\dfrac{1}{6}\right)$

14. $\dfrac{3}{4}\left(1\dfrac{3}{8}\right)$

15. $3\dfrac{1}{5}\left(\dfrac{2}{3}\right)$

16. $-\dfrac{5}{6}\left(2\dfrac{1}{2}\right)$

_____

_____

_____

_____

Multiplica.

17. $-2(-5.2)$

18. $0.53(0.04)$

19. $(-7)(-3.9)$

20. $-2(8.13)$

_____

_____

_____

_____

21. $0.02(-4.62)$

22. $0.5(-7.8)$

23. $(-0.41)(-8.5)$

24. $(-8)(6.3)$

_____

_____

_____

_____

25. $15(-0.05)$

26. $(-3.04)(-1.7)$

27. $10(-0.09)$

28. $(-0.8)(-0.15)$

_____

_____

_____

_____

29. Travis pintó durante $6\dfrac{2}{3}$ horas. Recibió \$27 por hora por su trabajo. ¿Cuánto le pagaron en total?

_____

Holt Matemáticas

Práctica

Cómo dividir números racionales

Divide. Escribe cada respuesta en su mínima expresión.

1. $\dfrac{1}{5} \div \dfrac{3}{10}$
    2. $-\dfrac{5}{8} \div \dfrac{3}{4}$
    3. $\dfrac{1}{4} \div \dfrac{1}{8}$
    4. $-\dfrac{2}{3} \div \dfrac{4}{15}$

_____   _____   _____   _____

5. $1\dfrac{2}{9} \div 1\dfrac{2}{3}$
    6. $-\dfrac{7}{10} \div \left(\dfrac{2}{5}\right)$
    7. $\dfrac{6}{11} \div \dfrac{3}{22}$
    8. $\dfrac{4}{9} \div \left(-\dfrac{8}{15}\right)$

_____   _____   _____   _____

9. $\dfrac{3}{8} \div -15$
    10. $-\dfrac{5}{6} \div 12$
    11. $6\dfrac{1}{2} \div 1\dfrac{5}{8}$
    12. $-\dfrac{9}{10} \div 6$

_____   _____   _____   _____

Divide.

13. $24.35 \div 0.5$
    14. $2.16 \div 0.04$
    15. $3.16 \div 0.02$
    16. $7.32 \div 0.3$

_____   _____   _____   _____

17. $87.36 \div 0.6$
    18. $79.36 \div 0.8$
    19. $4.27 \div 0.007$
    20. $63.81 \div 0.9$

_____   _____   _____   _____

21. $1.23 \div 0.003$
    22. $62.46 \div 0.09$
    23. $21.12 \div 0.4$
    24. $82.68 \div 0.06$

_____   _____   _____   _____

Evalúa cada expresión para el valor dado de la variable.

25. $\dfrac{18}{x}$ para $x = 0.12$
    26. $\dfrac{10.8}{x}$ para $x = 0.03$
    27. $\dfrac{9.18}{x}$ para $x = -1.2$

_____   _____   _____

28. Una lata de frutas contiene $3\dfrac{1}{2}$ tazas de fruta. El tamaño sugerido
de la porción es de $\dfrac{1}{2}$ taza. ¿Cuántas porciones contiene la lata?

_____

Holt Matemáticas

Práctica

LECCIÓN 2-6 *Cómo sumar y restar con denominadores distintos*

Suma o resta.

1. $\frac{2}{3} + \frac{1}{2}$

2. $\frac{3}{5} + \frac{1}{3}$

3. $\frac{3}{4} - \frac{1}{3}$

4. $\frac{1}{2} - \frac{5}{9}$

_____

_____

_____

_____

5. $\frac{5}{16} - \frac{5}{8}$

6. $\frac{7}{9} + \frac{5}{6}$

7. $\frac{7}{8} - \frac{1}{4}$

8. $\frac{5}{6} - \frac{3}{8}$

_____

_____

_____

_____

9. $2\frac{7}{8} + 3\frac{5}{12}$

10. $1\frac{2}{9} + 2\frac{1}{18}$

11. $3\frac{2}{3} - 1\frac{3}{5}$

12. $1\frac{5}{6} + (-2\frac{3}{4})$

_____

_____

_____

_____

13. $8\frac{1}{3} - 3\frac{5}{9}$

14. $5\frac{1}{3} + 1\frac{11}{12}$

15. $7\frac{1}{4} + (-2\frac{5}{12})$

16. $5\frac{2}{5} - 7\frac{3}{10}$

_____

_____

_____

_____

Evalúa cada expresión para el valor dado de la variable.

17. $2\frac{3}{8} + x$ para $x = 1\frac{5}{6}$

18. $x - \frac{2}{5}$ para $x = \frac{1}{3}$

19. $x - \frac{3}{10}$ para $x = \frac{3}{7}$

_____

_____

_____

20. $1\frac{5}{8} + x$ para $x = -2\frac{1}{6}$

21. $x - \frac{3}{4}$ para $x = \frac{1}{6}$

22. $x - \frac{3}{10}$ para $x = \frac{1}{2}$

_____

_____

_____

23. Ana trabajó $6\frac{1}{2}$ h el lunes, $5\frac{3}{4}$ h el martes y $7\frac{1}{6}$ h el viernes. ¿Cuántas horas trabajó en total los tres días?

_____

Holt Matemáticas

Nombre _____ Fecha _____ Clase _____

Práctica
Cómo resolver ecuaciones con números racionales

Resuelve.

1. $x + 6.8 = 12.19$

2. $y - 10.24 = 5.3$

3. $0.05w = 6.25$

_____

_____

_____

4. $\dfrac{a}{9.05} = 8.2$

5. $-12.41 + x = -0.06$

6. $\dfrac{d}{-8.4} = -10.2$

_____

_____

_____

7. $-2.89 = 1.7m$

8. $n - 8.09 = -11.65$

9. $\dfrac{x}{5.4} = -7.18$

_____

_____

_____

10. $\dfrac{7}{9} + x = 1\dfrac{1}{9}$

11. $\dfrac{6}{11}y = -\dfrac{18}{22}$

12. $\dfrac{7}{10}d = \dfrac{21}{20}$

_____

_____

_____

13. $x - \left(-\dfrac{9}{14}\right) = \dfrac{5}{7}$

14. $x - \dfrac{15}{21} = 2\dfrac{6}{7}$

15. $-\dfrac{8}{15}a = \dfrac{9}{10}$

_____

_____

_____

16. Para preparar una receta se necesitan $2\dfrac{1}{3}$ tazas de harina y $1\dfrac{1}{4}$ tazas de azúcar. Si se triplica la receta, ¿cuánta harina y azúcar se necesitará?

_____

17. Daniel llenó el tanque de su automóvil con 14.6 galones de gasolina. Luego, condujo 284.7 millas antes de tener que llenar el tanque otra vez. ¿Cuántas millas puede recorrer el automóvil con un galón de gasolina?

_____

Holt Matemáticas

LECCIÓN 2-8 Práctica

Cómo resolver ecuaciones de dos pasos

Escribe y resuelve una ecuación de dos pasos para responder a las siguientes preguntas.

1. La escuela compró equipos y uniformes de béisbol por un costo total de $1762. El equipo costó $598 y los uniformes, $24.25 cada uno. ¿Cuántos uniformes compró la escuela?

_____

_____

_____

_____

_____

2. Carla corre 4 millas todos los días. Corre desde su casa hasta la pista de la escuela, que está a $\frac{3}{4}$ de milla de distancia. Luego, corre unas vueltas alrededor de la pista, que mide $\frac{1}{4}$-de milla. Después, Carla corre hasta su casa. ¿Cuántas vueltas corre en la escuela?

_____

_____

_____

_____

_____

Resuelve.

3. $\dfrac{a+5}{3} = 12$

_____

4. $\dfrac{x+2}{4} = -2$

_____

5. $\dfrac{y-4}{6} = -3$

_____

6. $\dfrac{k+1}{8} = 7$

_____

7. $0.5x - 6 = -4$

_____

8. $\dfrac{x}{2} + 3 = -4$

_____

9. $\dfrac{1}{5}n + 3 = 6$

_____

10. $2a - 7 = -9$

_____

11. $\dfrac{3x-1}{4} = 2$

_____

12. $-7.8 = 4.4 + 2r$

_____

13. $\dfrac{-4w+5}{-3} = -7$

_____

14. $1.3 - 5r = 7.4$

_____

15. Una llamada telefónica cuesta $0.58 los primeros 3 minutos y $0.15 cada minuto adicional. Si el costo total de la llamada fue de $4.78, ¿cuántos minutos duró la llamada? _____

16. Diecisiete menos que cuatro multiplicado por un número es igual a veintisiete. Halla el número. _____

Holt Matemáticas

Práctica

Pares ordenados

Determina si cada par ordenado es una solución de $y = 4 + 2x$.

1. $(1, 1)$ **2.** $(2, 8)$ **3.** $(0, 4)$ **4.** $(8, 2)$

_____   _____   _____   _____

Determina si cada par ordenado es una solución de $y = 3x - 2$.

5. $(1, 1)$ **6.** $(3, 7)$ **7.** $(5, 15)$ **8.** $(6, 16)$

_____   _____   _____   _____

Usa los valores dados para completar la tabla de soluciones.

9. $y = x + 5$ para $x = 0, 1, 2, 3, 4$

x	x + 5	y	(x, y)
0			
1			
2			
3			
4			

10. $y = 3x + 1$ para $x = 1, 2, 3, 4, 5$

x	3x + 1	y	(x, y)
1			
2			
3			
4			
5			

11. $y = 2x + 6$ para $x = 0, 1, 2, 3, 4$

x	2x + 6	y	(x, y)
0			
1			
2			
3			
4			

12. $y = 4x - 2$ para $x = 2, 4, 6, 8, 10$

x	4x − 2	y	(x, y)
2			
4			
6			
8			
10			

13. Alexis abrió una cuenta de ahorros con un depósito de $120. Cada semana pondrá $20 en la cuenta. La ecuación que da la cantidad total t que tiene en la cuenta es $t = 120 + 20s$, donde s es la cantidad de semanas que pasaron desde que abrió la cuenta. ¿Cuánto dinero tendrá Alexis en su cuenta de ahorros después de 5 semanas?

_____

Holt Matemáticas

Práctica

Gráficas en un plano cartesiano

Da las coordenadas y el cuadrante de cada punto.

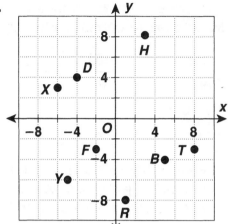

1. *F*

2. *X*

_____

_____

3. *T*

4. *B*

_____

_____

5. *D*

6. *R*

_____

_____

7. *H*

8. *Y*

_____

_____

Representa gráficamente cada punto en un plano cartesiano.

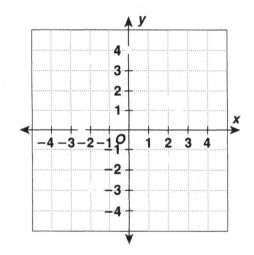

9. $A(2\frac{1}{2}, 1)$

10. $B(0, 4)$

11. $C(2, -1.5)$

12. $D(-2, 3.5)$

13. $E(-2\frac{1}{3}, 0)$

14. $F(-1\frac{1}{2}, -3)$

Completa la tabla de pares ordenados. Representa gráficamente cada par ordenado en un plano cartesiano. Dibuja una línea a través de los puntos.

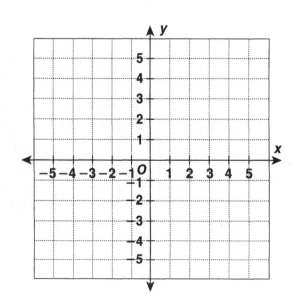

15. $y = 1\frac{1}{2}x$

x	$1\frac{1}{2}x$	y	(x, y)
0			
1			
2			

Holt Matemáticas

Nombre _____ Fecha _____ Clase _____

En la tabla se dan las velocidades de tres perros en mi/h en momentos determinados. Indica qué perro corresponde a cada situación descrita a continuación.

Hora	5:00	5:01	5:02	5:03	5:04
Perro 1	0	1	12	0	0
Perro 2	5	23	4	0	0
Perro 3	14	0	18	2	9

1. Leshaan pasea a su perro. Luego, le quita la correa y el perro corre por el jardín. Después, entran a la casa y el perro se queda quieto, comiendo y bebiendo de su plato. _____

2. El perro de Luke está persiguiendo su cola. Luego, se detiene y jadea. Después, el perro corre hasta la cerca del jardín y camina a lo largo de la cerca mientras le ladra a un vecino. Luego, corre hacia Luke, que está en la puerta trasera. _____

Indica que gráfica corresponde a cada situación descrita en los ejercicios 1-2.

3.
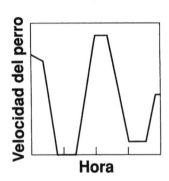

_____

4.
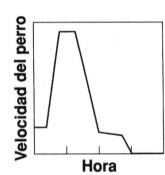

_____

5. Crea una gráfica que ilustre la temperatura en el interior del automóvil.

Ubicación	Temperatura a la llegada	Temperatura a la salida
Casa	—	74° a las 8:30
Trabajo de verano	77° a las 9:00	128° a las 12:05
Alberca	92° a las 12:15	136° a las 2:30
Biblioteca	95° a las 2:40	77° a las 5:10

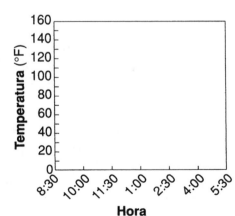

Holt Matemáticas

LECCIÓN **Práctica**
3-4 *Funciones*

Completa la tabla y representa gráficamente cada función.

1. $y = -2x + 5$

x	− 2x + 5	y
−2		
−1		
0		
1		
2		

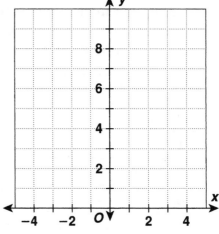

2. $y = x - 2$

x	x − 2	y
−2		
−1		
0		
1		
2		

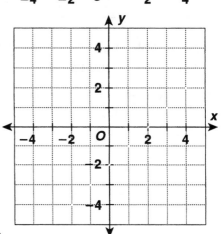

Determina si cada relación representa una función.

3. $y = \frac{1}{3}x - \frac{2}{5}$

4.

x	1	2	1	2
y	6	5	−6	−5

_____

5.

x	y
0	0
1	−1
2	−8
3	−27
4	−64

_____

6.

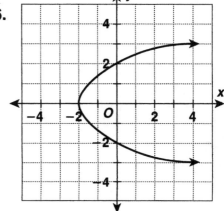

_____

Holt Matemáticas

LECCIÓN 3-5 Práctica
Ecuaciones, tablas y gráficas

1. La cantidad de agua en un tanque que se está llenando se representa por medio de la ecuación $g = 20m$, donde g es la cantidad de galones que hay en el tanque después de m minutos. Haz una tabla y dibuja una gráfica de la ecuación.

m	20m	g
0		
1		
2		
3		
4		

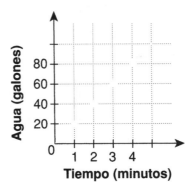

2. Usa la tabla para hacer una gráfica y escribir una ecuación.

x	0	2	5	8	12
y	4	6	9	12	16

_____

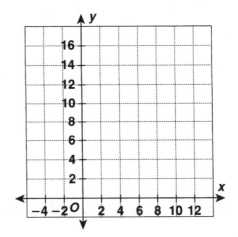

3. Usa la gráfica para hacer una tabla y escribir una ecuación.

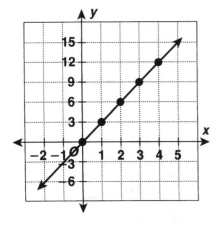

x					
y					

_____

Holt Matemáticas

LECCIÓN | Práctica
3-6 | *Sucesiones aritméticas*

Halla la diferencia común en cada sucesión aritmética.

1. 5, 9, 13, 17, …

2. 3, 10, 17, 24, …

3. 35, 32, 29, 26, …

_____   _____   _____

4. 6, 15, 24, 33, …

5. 92, 87, 82, 77, …

6. 60, 54, 48, 42, …

_____   _____   _____

7. 108, 96, 84, 72, …

8. 3.8, 4, 4.2, 4.4, …

9. 95, 88, 81, 74, …

_____   _____   _____

Halla los tres términos siguientes en cada sucesión aritmética.

10. 12, 18, 24, 30, …

11. $1\frac{1}{2}$, 2, $2\frac{1}{2}$, 3, …

12. −7, −14, −21, −28, …

_____   _____   _____

13. 0.5, 1, 1.5, 2, …

14. −8, −16, −24, −32, …

15. 72, 63, 54, 45, …

_____   _____   _____

16. 3.5, 7, 10.5, 14, …

17. $\frac{1}{3}$, $\frac{2}{3}$, 1, $1\frac{1}{3}$, …

18. 10, 9.5, 9, 8.5, …

_____   _____   _____

Halla una función que describa cada sucesión aritmética. Usa *y* para identificar cada término en la sucesión y *n* para identificar la posición de cada término.

19. 6, 12, 18, 24, …

20. −8, −16, −24, −32, …

21. 12, 24, 36, 48, …

_____   _____   _____

22. Alquilar un go-kart para dar vueltas en la pista cuesta $12, más $4 por vuelta. Halla una función que describa la sucesión. Luego halla el costo total de dar 5 vueltas en la pista.

_____

Holt Matemáticas

Práctica

Exponentes

Escribe en forma exponencial.

1. $6 \cdot 6 \cdot 6 \cdot 6 \cdot 6 \cdot 6$

_____

2. $7 \cdot 7 \cdot 7 \cdot 7$

_____

3. $(-8) \cdot (-8) \cdot (-8) \cdot (-8)$

_____

4. $5 \cdot 5 \cdot 5 \cdot b \cdot b \cdot b \cdot b$

_____

Evalúa.

5. 10^2

_____

6. $(-6)^2$

_____

7. 8^2

_____

8. $(-7)^2$

_____

9. $(-5)^3$

_____

10. 12^2

_____

11. $(-9)^2$

_____

12. $(-4)^3$

_____

13. 2^5

_____

14. 5^4

_____

15. $(-3)^4$

_____

16. 6^3

_____

Evalúa cada expresión para los valores dados de cada variable.

17. $n^3 - 5$ para $n = 4$

_____

18. $4x^2 + y^3$ para $x = 5$ e $y = -2$

_____

19. $m^p + q^2$ para $m = 5$, $p = 2$ y $q = 4$

_____

20. $a^4 + 2(b - c^2)$ para $a = 2$, $b = 4$ y $c = -1$

_____

21. Escribe una expresión para un número multiplicado por cinco que se usa como factor tres veces.

_____

22. Halla el volumen de un cubo regular si la longitud de un lado es de 10 cm. (Pista: $V = l^3$.)

_____

Holt Matemáticas

Práctica

Buscar un patrón en exponentes enteros

Evalúa las potencias de 10.

1. 10^{-3} **2.** 10^3 **3.** 10^{-5} **4.** 10^{-2}

_____   _____   _____   _____

5. 10^0 **6.** 10^4 **7.** 10^1 **8.** 10^5

_____   _____   _____   _____

Evalúa.

9. $(-6)^{-2}$ **10.** $(-9)^{-3}$ **11.** 2^{-5}

_____   _____   _____

12. $(-3)^{-4}$ **13.** $(-12)^{-1}$ **14.** 6^{-3}

_____   _____   _____

15. $10 - (3 + 2)^0 + 2^{-1}$ **16.** $15 + (-6)^0 - 3^{-2}$

_____   _____

17. $6(8 - 2)^0 + 4^{-2}$ **18.** $2^{-2} + (-4)^{-1}$

_____   _____

19. $3(1 - 4)^{-2} + 9^{-1} + 12^0$ **20.** $9^0 + 64(3 + 5)^{-2}$

_____   _____

21. Un mililitro es igual a 10^{-3} litros. Evalúa 10^{-3}.

_____

22. El volumen de un cubo es 10^6 pies cúbicos. Evalúa 10^6.

_____

LECCIÓN	**Práctica**
4-3	*Propiedades de los exponentes*

Multiplica. Escribe el producto como una potencia.

1. $10^5 \cdot 10^7$ **2.** $x^9 \cdot x^8$ **3.** $14^7 \cdot 14^9$ **4.** $12^6 \cdot 12^8$

_____   _____   _____   _____

5. $y^{12} \cdot y^{10}$ **6.** $15^9 \cdot 15^{14}$ **7.** $(-11)^{20} \cdot (-11)^{10}$ **8.** $(-a)^6 \cdot (-a)^7$

_____   _____

Divide. Escribe el cociente como una potencia.

9. $\dfrac{12^9}{12^2}$ **10.** $\dfrac{(-11)^{12}}{(-11)^8}$ **11.** $\dfrac{x^{10}}{x^5}$ **12.** $\dfrac{16^{10}}{16^2}$

_____   _____   _____   _____

13. $\dfrac{17^{19}}{17^2}$ **14.** $\dfrac{14^{15}}{14^{13}}$ **15.** $\dfrac{23^{17}}{23^9}$ **16.** $\dfrac{(-a)^{12}}{(-a)^7}$

_____   _____   _____   _____

Simplifica.

17. $(6^2)^4$ **18.** $(2^4)^{-3}$ **19.** $(3^5)^{-1}$ **20.** $(y^5)^2$

_____   _____   _____   _____

21. $(9^{-2})^3$ **22.** $(10^0)^3$ **23.** $(x^4)^{-2}$ **24.** $(5^{-2})^0$

_____   _____   _____   _____

Escribe el producto o el cociente como una potencia.

25. $\dfrac{w^{12}}{w^3}$ **26.** $d^8 \cdot d^5$ **27.** $(-15)^5 \cdot (-15)^{10}$

_____   _____   _____

28. La escuela secundaria Jefferson tiene un cuerpo estudiantil de 6^4 estudiantes. En cada clase hay aproximadamente 6^2 estudiantes. ¿Cuántas clases hay en la escuela? Escribe la respuesta como una potencia.

_____

29. Escribe la expresión para un número que se usa como factor quince veces multiplicado por un número que se usa como factor diez veces. Luego, escribe el producto como una potencia.

_____

Holt Matemáticas

LECCIÓN **Práctica**
4-4 *Notación científica*

Escribe cada número en forma estándar.

1. 2.54×10^2 **2.** 6.7×10^{-2} **3.** 1.14×10^3 **4.** 3.8×10^{-1}

_____   _____   _____   _____

5. 7.53×10^{-3} **6.** 5.6×10^4 **7.** 9.1×10^5 **8.** 6.08×10^{-4}

_____   _____   _____   _____

9. 8.59×10^5 **10.** 3.331×10^6 **11.** 7.21×10^{-3} **12.** 5.88×10^{-4}

_____   _____   _____   _____

Escribe cada número en notación científica.

13. 75,000,000   **14.** 208   **15.** 907,100

_____   _____   _____

16. 56   **17.** 0.093   **18.** 0.00006

_____   _____   _____

19. 0.00852   **20.** 0.0505   **21.** 0.003007

_____   _____   _____

22. 5226   **23.** 0.04   **24.** 98,856

_____   _____   _____

25. Júpiter está a aproximadamente 778,120,000 kilómetros del Sol.
Escribe este número en notación científica.

_____

26. La bacteria *E. coli* mide aproximadamente 5×10^{-7} metros de
ancho. Un pelo mide aproximadamente 1.7×10^{-5} metros de
ancho. ¿Qué es más ancho: la bacteria o el pelo?

_____

Holt Matemáticas

Nombre_____ Fecha _____ Clase _____

Práctica
Cuadrados y raíces cuadradas

Halla las dos raíces cuadradas de cada número.

1. 36 **2.** 81 **3.** 49 **4.** 100

_____ _____ _____ _____

5. 64 **6.** 121 **7.** 25 **8.** 144

_____ _____ _____ _____

Evalúa cada expresión.

9. $\sqrt{32 + 17}$ **10.** $\sqrt{100 - 19}$ **11.** $\sqrt{64 + 36}$ **12.** $\sqrt{73 - 48}$

_____ _____ _____ _____

13. $2\sqrt{64} + 10$ **14.** $36 - \sqrt{36}$ **15.** $\sqrt{100} - \sqrt{25}$ **16.** $\sqrt{121} + 16$

_____ _____ _____ _____

17. $\sqrt{\dfrac{25}{4}} + \dfrac{1}{2}$ **18.** $\sqrt{\dfrac{100}{25}}$ **19.** $\sqrt{\dfrac{196}{49}}$ **20.** $3(\sqrt{144} - 6)$

_____ _____ _____ _____

A menudo, a las pirámides de Egipto se las llama la primera maravilla del mundo. Este grupo de pirámides está compuesto por las de Menkura, Khufu y Khafra. La más grande de las tres es la de Khufu, a veces llamada la pirámide de Keops. Durante ese período de la historia, a cada monarca se le construía su propia pirámide para enterrar su cuerpo momificado. Keops fue rey de Egipto a comienzos del siglo XXVI a.C. Se calcula que la altura original de la pirámide de Keops era de 482 pies. En la actualidad, su altura es de aproximadamente 450 pies. La fecha estimada de la finalización de esta estructura es 2660 a.C.

21. Si el área de la base de la pirámide de Keops es de 570,025 pies^2, ¿cuál es la longitud de uno de los lados de la antigua estructura? (Pista: $l = \sqrt{A}$)

_____

22. Si se construyera una réplica de la pirámide con un área de base de 625 pulg^2, ¿cuál sería la longitud de cada lado? (Pista: $l = \sqrt{A}$)

_____

Holt Matemáticas

Práctica

LECCIÓN
4-6

Cómo estimar raíces cuadradas

Cada raíz cuadrada está entre dos números enteros. Identifica los enteros. Explica tu respuesta.

1. $\sqrt{6}$

2. $\sqrt{20}$

_____

_____

3. $\sqrt{28}$

4. $\sqrt{44}$

_____

_____

5. $\sqrt{31}$

6. $\sqrt{52}$

_____

_____

Usa una calculadora para hallar cada valor. Redondea a la décima más cercana.

7. $\sqrt{14}$

8. $\sqrt{42}$

9. $\sqrt{21}$

10. $\sqrt{47}$

_____

_____

_____

_____

11. $\sqrt{58}$

12. $\sqrt{60}$

13. $\sqrt{35}$

14. $\sqrt{75}$

_____

_____

_____

_____

La policía usa la fórmula $t = 2\sqrt{5L}$ para calcular la tasa de velocidad de un vehículo en millas por hora a partir de las huellas de frenado, donde L es la longitud de las huellas de frenado en pies.

15. ¿Aproximadamente a qué velocidad circula un vehículo que deja huellas de frenado de 80 pies?

_____

16. ¿Aproximadamente a qué velocidad circula un vehículo que deja huellas de frenado de 245 pies?

_____

17. Si la fórmula para hallar la longitud de las huellas de frenado es $L = \dfrac{r^2}{20}$, ¿cuál sería la longitud de las huellas de frenado que dejaría un vehículo que circula a 80 mi/h?

_____

Holt Matemáticas

LECCIÓN 4-7 Práctica
Los números reales

Escribe todos los nombres que correspondan a cada número.

1. $-\dfrac{7}{8}$

2. $\sqrt{0.15}$

3. $\sqrt{\dfrac{18}{2}}$

_____ _____ _____

_____ _____ _____

4. $\sqrt{45}$

5. -25

6. -6.75

_____ _____ _____

_____ _____ _____

Indica si cada número es racional, irracional o no es un número real.

7. $\sqrt{14}$

8. $\sqrt{-16}$

9. $\dfrac{6.2}{0}$

10. $\sqrt{49}$

_____ _____ _____ _____

11. $\dfrac{7}{20}$

12. $-\sqrt{81}$

13. $\sqrt{\dfrac{7}{9}}$

14. -1.3

_____ _____ _____ _____

Halla un número real entre cada par de números.

15. $7\dfrac{3}{5}$ y $7\dfrac{4}{5}$

16. 6.45 y $\dfrac{13}{2}$

17. $\dfrac{7}{8}$ y $\dfrac{9}{10}$

_____ _____

18. Da un ejemplo de un número racional entre $-\sqrt{4}$ y $\sqrt{4}$

_____

19. Da un ejemplo de un número irracional menor que 0.

_____

20. Da un ejemplo de un número que no sea real.

_____

Holt Matemáticas

LECCIÓN
4-8

Práctica

El Teorema de Pitágoras

Halla la longitud de la hipotenusa a la décima más cercana.

1.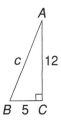

2.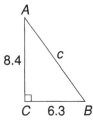

3.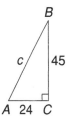

_____   _____   _____

Resuelve el lado desconocido del triángulo a la décima más cercana.

4.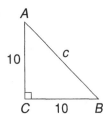

5.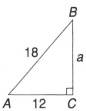

6.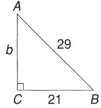

_____   _____   _____

7.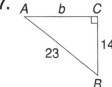

8.

9.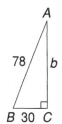

_____   _____   _____

10. Un planeador vuela 8 millas hacia el sur desde el aeropuerto y luego
15 millas hacia el este. Después vuela en línea recta de regreso al
aeropuerto. ¿Cuál fue la distancia que recorrió el planeador en la
última etapa, el regreso al aeropuerto?

_____

Holt Matemáticas

Práctica
Razones y proporciones

Halla dos razones que sean equivalentes a cada razón dada.

1. $\dfrac{9}{12}$

2. $\dfrac{4}{20}$

3. $\dfrac{15}{25}$

_____

4. $\dfrac{7}{12}$

5. $\dfrac{14}{7}$

6. $\dfrac{11}{22}$

_____

7. $\dfrac{10}{3}$

8. $\dfrac{18}{28}$

9. $\dfrac{12}{27}$

_____

Simplifica para indicar si las razones forman una proporción.

10. $\dfrac{13}{39}$ y $\dfrac{16}{48}$

11. $\dfrac{21}{49}$ y $\dfrac{28}{56}$

12. $\dfrac{12}{28}$ y $\dfrac{18}{42}$

13. $\dfrac{18}{27}$ y $\dfrac{10}{15}$

_____

14. $\dfrac{24}{27}$ y $\dfrac{27}{30}$

15. $\dfrac{14}{10}$ y $\dfrac{35}{25}$

16. $\dfrac{10}{32}$ y $\dfrac{25}{80}$

17. $\dfrac{16}{48}$ y $\dfrac{15}{45}$

_____

18. La señora Walters quería que en su jardín hubiera un narciso por cada dos tulipanes. Si plantó 20 bulbos de narcisos, ¿cuántos bulbos de tulipán plantó?

_____

19. En una encuesta, 9 de cada 10 médicos recomendaron un medicamento. Si se encuestó a 80 médicos, ¿cuántos médicos recomendaron el medicamento?

_____

20. Una molécula de carbonato de sodio contiene 2 átomos de sodio cada 3 átomos de oxígeno. ¿Es posible que un compuesto que contiene 12 átomos de sodio y 15 átomos de oxígeno sea carbonato de sodio? Explica.

_____

Holt Matemáticas

Práctica

LECCIÓN 5-2

Razones, tasas y tasas unitarias

1. Un trozo de cobre que pesa 4480 kilogramos tiene un volumen de 0.5 metros cúbicos. ¿Cuál es la densidad del cobre?

_____

2. El yogur Yoshi tiene 15 calorías por onza. ¿Cuántas calorías tiene un envase de 8 onzas de yogur?

_____

3. Emily gana $7.50 por hora. ¿Cuánto gana en 3 horas?

_____

Estima la tasa unitaria.

4. 43 manzanas en 5 bolsas

5. $71.00 por 8 horas

6. 146 estudiantes en 6 clases

7. $52.00 por 5 horas

8. 7 millas en 64 minutos

9. $3.55 por 4 libras

Determina cuál es la mejor opción de compra.

10. Un dentífrico de 8.2 oz a $2.99 o un dentífrico de 6.4 oz a $2.49

_____

11. Una bolsa de manzanas de 3 lb a $2.99 o una bolsa de manzanas de 5 lb a $4.99

_____

12. Una botella de refresco de 16 oz a $1.25 o una botella de refresco de 20 oz a $1.55

_____

13. Mavis toma el autobús todos los días. Compró el abono de autobús para el mes de octubre a $38.75. ¿Cuánto le cobraron por día por el abono de autobús?

_____

Holt Matemáticas

Práctica

| LECCIÓN | **Práctica** |
| 5-3 | *Análisis dimensional* |

Halla el factor apropiado para cada conversión.

1. gramos en kilogramos   **2.** cuartos en galones   **3.** minutos en segundos

_____   _____   _____

4. David toma 300 miligramos de medicamento por día. ¿Cuántos
gramos son?

_____

5. Jody corre las 500 yardas planas para el equipo de atletismo de
la escuela. ¿Cuántos pies corre en cada carrera?

_____

6. Sean bebe seis latas de refresco de 12 onzas por semana.
¿Cuántas pintas de refresco bebe en una semana?

_____

7. Una receta de ponche indica que hay que diluir el concentrado
de ponche en 7 cuartos de agua. ¿Cuántos galones de agua se
necesitan para diluir el concentrado de acuerdo con la receta?

_____

8. Ángel, el perro de Jesse, pesa $18\frac{1}{2}$ libras. ¿Cuántas onzas pesa?

_____

9. Un rollo de cinta tiene 32.9 metros de cinta. ¿Cuántos milímetros tiene?

_____

10. En el levantamiento de pesas, hay dos tipos de levantamientos:
arranque y *envión*. Se determina el ganador por el peso combinado
de los dos tipos de levantamiento. En la Competencia Universitaria
de Levantamiento de Pesas de 2002, Timothy Leancu, de la
Academia Naval de EE.UU., compitió en la clase de 94 kilogramos.
Levantó 100 kg en el *arranque* y 132.5 kg en el *envión*. ¿Cuál fue el
peso combinado de los levantamientos en gramos?

_____

Holt Matemáticas

Práctica

Cómo resolver proporciones

Indica si las razones son proporcionales.

1. $\dfrac{3}{4} \overset{?}{=} \dfrac{9}{12}$

2. $\dfrac{9}{24} \overset{?}{=} \dfrac{18}{48}$

3. $\dfrac{16}{24} \overset{?}{=} \dfrac{10}{18}$

4. $\dfrac{13}{25} \overset{?}{=} \dfrac{26}{50}$

_____ _____ _____ _____

5. $\dfrac{10}{32} \overset{?}{=} \dfrac{16}{38}$

6. $\dfrac{20}{36} \overset{?}{=} \dfrac{50}{90}$

7. $\dfrac{20}{28} \overset{?}{=} \dfrac{28}{36}$

8. $\dfrac{14}{42} \overset{?}{=} \dfrac{16}{36}$

_____ _____ _____ _____

Resuelve cada proporción.

9. $\dfrac{\$d}{3\ \text{CD}} = \dfrac{\$64.75}{5\ \text{CD}}$

10. $\dfrac{c\ \text{sillas}}{7\ \text{filas}} = \dfrac{252\ \text{sillas}}{9\ \text{filas}}$

_____ _____

11. $\dfrac{m\ \text{millas}}{5\ \text{horas}} = \dfrac{135\ \text{millas}}{3\ \text{horas}}$

12. $\dfrac{\$d}{4\ \text{cuotas}} = \dfrac{\$45}{10\ \text{cuotas}}$

_____ _____

Resuelve cada proporción usando fracciones equivalentes.

13. $\dfrac{c}{15} = \dfrac{4}{10}$

14. $\dfrac{a}{6} = \dfrac{8}{12}$

15. $\dfrac{b}{20} = \dfrac{15}{12}$

16. $\dfrac{w}{6} = \dfrac{15}{10}$

_____ _____ _____ _____

17. Janessa compró 4 estampillas por $1.48. A esta tasa, ¿cuánto costarían 10 estampillas?

_____

18. En un equipo de karate había 6 chicas y 9 chicos. Luego se unieron al equipo 2 chicas y 3 chicos más. ¿Se mantuvo la razón de las chicas con respecto a los chicos? Explica.

_____

19. Se pone una pesa de 30 kg a 2 m de un fulcro. ¿A qué distancia del fulcro se debe poner una pesa de 40 kg para mantener el equilibrio de la balanza?

_____

Holt Matemáticas

Práctica

Figuras semejantes

1. ¿Algunos de estos triángulos son semejantes?

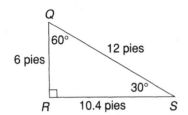 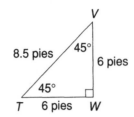 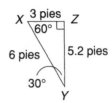

2. Una fotografía mide 12 pulg de ancho por 18 pulg de alto. Si el ancho se redujera a 9 pulgadas, ¿qué altura debería tener la fotografía semejante? _____

3. La base de un triángulo isósceles mide 20 cm y los catetos miden 36 cm. ¿Cuánto medirán los catetos de un triángulo semejante cuya base mide 50 cm? _____

4. Una imagen de la mascota de la escuela mide 18 pulg de ancho y 24 pulg de largo. Se la agranda proporcionalmente a un tamaño de pancarta. Si el ancho se agranda a 63 pulg, ¿cuál será la longitud de la pancarta? _____

5. Carol tiene una fotografía de 24 cm × 36 cm que reduce a $\frac{3}{4}$ de su tamaño. ¿Cuáles son las dimensiones de la nueva fotografía? _____

6. Erik está haciendo un dibujo de la cancha de básquetbol de su escuela. La cancha real mide 84 pies de largo y 50 pies de ancho. Si Erik dibuja la cancha con una longitud de 21 pulg, ¿cuál será el ancho? _____

7. Los cines IMAX tienen las pantallas más grandes del mundo. Hay muchos cines IMAX en todo el mundo. En el museo Henry Ford, situado en Dearborn, Michigan, hay un cine IMAX que tiene una pantalla de 60 pies × 84 pies. Si se cambiara la pantalla de proyección de un salón de clases para que esté en proporción directa con la pantalla IMAX del museo Henry Ford, las dimensiones serían 5 pies × ___ pies. _____

Holt Matemáticas

Nombre _____ Fecha _____ Clase _____

Indica si cada transformación es una dilatación.

1.

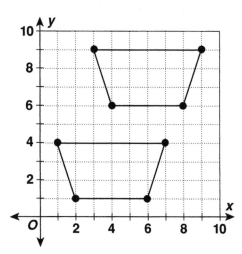

_____

2.

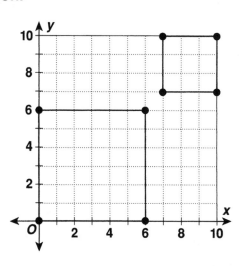

_____

Dilata cada figura por el factor de escala dado con el origen como centro de dilatación. ¿Cuáles son los vértices de la imagen?

3. factor de escala de 2

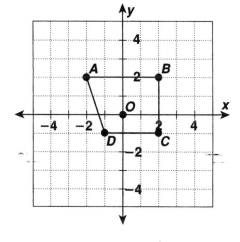

_____

_____

4. factor de escala de $\frac{1}{2}$

_____

_____

Holt Matemáticas

Nombre _____ Fecha _____ Clase _____

1. Tamara quiere conocer el ancho de la laguna del parque. Dibujó el diagrama e indicó las mediciones que tomó. ¿Cuál es el ancho de la laguna?

_____

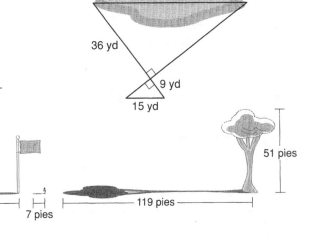

Usa el diagrama para los ejercicios 2 y 3.

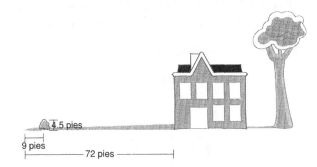

2. ¿Cuál es la altura del mástil de la bandera?

3. ¿Cuál es la estatura del niño?

_____

Usa el diagrama para los ejercicios 4 y 5.

4. ¿Cuál es la altura de la casa?

_____

5. El árbol mide 56 pies de altura. ¿Cuál es la longitud de su sombra?

_____

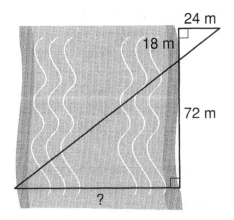

6. Drew quiere saber la distancia que hay entre las orillas del río. Dibujó un diagrama e indicó las mediciones que tomó. ¿Cuál es la distancia entre las orillas del río?

_____

7. Un depósito mide 120 pies de altura y proyecta una sombra de 288 pies de longitud. En el mismo momento, Julie proyecta una sombra de 12 pies de longitud. ¿Cuál es la estatura de Julie?

_____

Holt Matemáticas

Práctica

LECCIÓN 5-8

Dibujos y modelos a escala

La escala de un dibujo es $\frac{1}{4}$ pulg = 15 pies. Halla la medida real del dibujo.

1. 9 pulg   **2.** 12 pulg   **3.** 14 pulg   **4.** 15 pulg

_____   _____   _____   _____

La escala es 2 cm = 25 m. Halla la longitud que tendría cada medida en un dibujo a escala..

5. 150 m   **6.** 475 m   **7.** 350 m   **8.** 500 m

_____   _____   _____   _____

Indica si cada escala reduce, agranda o conserva el tamaño del objeto real.

9. 1 m : 25 cm   **10.** 8 pulg : 1 pie   **11.** 12 pulg. : 1 pie

_____   _____   _____

12. En un mapa, la distancia entre Atlanta, Georgia y Nashville, Tennessee, es de 12.5 pulg. La distancia real entre estas dos ciudades es de 250 millas. ¿Cuál es la escala?

_____

13. Se dibuja el plano de una casa a una escala de $\frac{1}{4}$ pulg = 1 pie. La cocina mide 3.5 pulg por 5 pulg en el plano. ¿Cuál es el tamaño real de la cocina?

_____

14. El modelo a escala de una casa mide 1 pie de largo. La casa real tiene 50 pies de longitud. En el modelo, la ventana mide $1\frac{1}{5}$ pulg de alto. ¿Cuántas pulgadas de alto mide la ventana real?

_____

15. El modelo de un rascacielos mide 1.6 pulg de largo, 2.8 pulg de ancho y 11.2 pulg de alto. El factor de escala es 8 pulg: 250 pies. ¿Cuáles son las dimensiones reales del rascacielos?

_____

Nombre _____ Fecha _____ Clase _____

Práctica

6-1 *Cómo relacionar decimales, fracciones y porcentajes*

Halla la razón o porcentaje equivalente que falta para cada letra de la recta numérica.

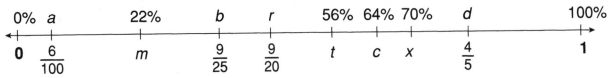

1. *a* **2.** *b* **3.** *c* **4.** *d*

_____ _____ _____ _____

5. *m* **6.** *r* **7.** *t* **8.** *x*

_____ _____ _____ _____

Compara. Escribe <, > ó =.

9. $\frac{3}{4}$ ☐ 70%

10. 60% ☐ $\frac{3}{5}$

11. 58% ☐ 0.6

12. 0.09 ☐ 15%

13. $\frac{2}{3}$ ☐ 59%

14. 0.45 ☐ 40.5%

Ordena los números de menor a mayor.

15. 99%, 0.95, $\frac{5}{9}$, 9.5%

16. $\frac{3}{8}$, 50%, 0.35, 38%

_____

_____

17. $\frac{4}{5}$, 54%, 0.45, 44.5%

18. $\frac{1}{3}$, 20%, 0.3, 3%

_____

_____

19. En la clase de matemáticas hay 25 estudiantes. Ayer faltaron 6 estudiantes. ¿Qué porcentaje de los estudiantes faltó? _____

20. Albert pasa dos horas al día haciendo la tarea y una hora jugando a los videojuegos. ¿Qué porcentaje del día representa esto? _____

21. Ragu corrió las primeras 3 millas de una carrera de 5 millas en 24 minutos. ¿Qué porcentaje de la carrera ha corrido? _____

Holt Matemáticas

Nombre _____ Fecha _____ Clase _____

Práctica
Estimar con porcentajes

Estima.

1. 74% de 99

2. 25% de 39

3. 52% de 10

_____

_____

_____

4. 21% de 50

5. 30% de 61

6. 24% de 48

_____

_____

_____

7. 5% de 41

8. 50% de 178

9. 33% de 62

_____

_____

_____

Estima.

10. ¿Aproximadamente cuánto es el 48% de 30?

_____

11. ¿Aproximadamente cuánto es el 26% de 36?

_____

12. ¿Aproximadamente cuánto es el 30% de 22?

_____

13. ¿Aproximadamente cuánto es el 21% de 63?

_____

14. El salario semanal bruto de Rodney es $91. Debe pagar alrededor del 32% en concepto de impuestos y retenciones. Estima el salario semanal neto de Rodney después de las retenciones. _____

15. En la última elección que se llevó a cabo en la escuela votaron 492 estudiantes. Mary obtuvo 48% de los votos. ¿Aproximadamente cuántos votos recibió? _____

16. La cuenta del almuerzo en un restaurante es de $14.10. Grace quiere dejar un 15% de propina y la tasa de impuesto sobre la venta es del 5.5%. ¿Aproximadamente cuánto le costará el almuerzo en total? _____

17. Una empresa descubrió que, en promedio, alrededor del 6% de las baterías que fabrica tienen fallas. De 1,385 baterías, el gerente calcula que aproximadamente 83 tienen fallas. Haz una estimación para determinar si el cálculo del gerente es razonable. Explica. _____

_____

_____

Holt Matemáticas

Nombre _____ Fecha _____ Clase _____

Práctica
Cómo hallar porcentajes

Halla cada porcentaje.

1. ¿Qué porcentaje de 84 es 21?

_____

2. ¿Qué porcentaje de 60 es 24?

_____

3. ¿Qué porcentaje de 150 es 75?

_____

4. ¿Qué porcentaje de 80 es 68?

_____

5. ¿Qué porcentaje de 80 es 36?

_____

6. ¿Qué porcentaje de 88 es 33?

_____

7. ¿Qué porcentaje de 95 es 19?

_____

8. ¿Qué porcentaje de 120 es 28.8?

_____

9. ¿Qué porcentaje de 56 es 49?

_____

10. ¿Qué porcentaje de 102 es 17?

_____

11. ¿Qué porcentaje de 94 es 42.3?

_____

12. ¿Qué porcentaje de 75 es 90?

_____

13. Daphne compró un automóvil usado a $9200. Hizo un pago inicial de $1840. Halla el porcentaje del precio de compra que representa el pago inicial. _____

14. Tricia leyó $\frac{1}{4}$ de su libro el lunes. El martes, leyó 36% del libro. El miércoles, leyó 0.27 del libro. Terminó el libro el jueves. ¿Qué porcentaje del libro leyó el jueves? _____

15. Un avión viajó de Boston a Las Vegas e hizo una escala en St. Louis. En total, el avión recorrió 2410 millas, que representan el 230% de la distancia entre Boston y St. Louis. Halla la distancia entre Boston y St. Louis a la milla más cercana. _____

16. El primer examen de estudios sociales tenía 16 preguntas. El segundo examen tenía 220% de la cantidad de preguntas del primero. Halla la cantidad de preguntas que tenía el segundo examen. _____

Holt Matemáticas

Nombre _____ Fecha _____ Clase _____

Halla cada número a la décima más cercana.

1. ¿El 40% de qué número es 18?

_____

2. ¿El 35% de qué número es 28?

_____

3. ¿El 60% de qué número es 21?

_____

4. ¿El 25% de qué número es 19?

_____

5. ¿El 40% de qué número es 22?

_____

6. ¿El 50% de qué número es 41?

_____

7. ¿El 15% de qué número es 50?

_____

8. ¿El 0.3% de qué número es 24?

_____

9. ¿El 30% de qué número es 36?

_____

10. ¿El 75% de qué número es 26?

_____

11. ¿El 12.5% de qué número es 14?

_____

12. ¿El 25% de qué número es 28.25?

_____

13. ¿El $33\frac{1}{3}$% de qué número es 27?

_____

14. ¿El 150% de qué número es 54?

_____

15. En una asamblea de la escuela había 546 estudiantes. Esto representa el 65% de todos los estudiantes que asisten a la escuela intermedia Content. ¿Cuántos estudiantes asisten a la escuela intermedia Content?

_____

16. En el último examen, Greg respondió correctamente 64 preguntas. Esto equivale al 80% de las preguntas. ¿Cuántas preguntas tenía el examen?

_____

17. Una chaqueta cuesta $48. Si la tasa de impuesto sobre la venta es del 5.5%, ¿cuál es la cantidad del impuesto? ¿Cuál es el costo total de la chaqueta?

_____

18. Carla ha completado 14 vueltas en el entrenamiento de natación. Esto equivale al 70% del total de vueltas que debe nadar. ¿Cuántas vueltas más debe nadar para terminar el entrenamiento?

_____

Holt Matemáticas

Nombre _____ Fecha _____ Clase _____

Halla cada porcentaje de incremento o disminución al porcentaje más cercano.

1. de 16 a 20

2. de 30 a 24

3. de 15 a 30

_____

_____

_____

4. de 35 a 21

5. de 40 a 46

6. de 45 a 63

_____

_____

_____

7. de 18 a 26.1

8. de 24.5 a 21.56

9. de 90 a 72

_____

_____

_____

10. de 29 a 54

11. de 42 a 92.4

12. de 38 a 33

_____

_____

_____

13. de 64 a 36.4

14. de 78 a 136.5

15. de 89 a 32.9

_____

_____

_____

16. El señor Havel compró un auto a $2400 y lo vendió a $2700. ¿Cuál fue el porcentaje de ganancia que obtuvo el señor Havel al vender el auto? _____

17. Una tienda de computación compra un programa de computación a $24 y lo vende a $91.20. ¿Cuál es el porcentaje de incremento en el precio? _____

18. Una compañía fabricante que tiene 450 empleados comienza a producir una nueva línea de productos y debe agregar 81 empleados más. ¿Cuál es el porcentaje de incremento en el número de empleados? _____

19. Richard gana $2700 por mes. Recibió un aumento del 3%. ¿Cuál es el nuevo salario anual de Richard? _____

20. Marlis tiene 765 tarjetas en la colección de tarjetas de béisbol. Vende 153 tarjetas de su colección. ¿Cuál es el porcentaje de disminución en la cantidad de tarjetas que tiene en su colección? _____

Holt Matemáticas

Práctica

LECCIÓN
6-6 *Aplicaciones de porcentajes*

Completa la tabla para hallar la cantidad del impuesto sobre la venta para cada cantidad de venta al centavo más cercano.

1.

Cantidad de la venta	5% de impuesto sobre la venta	8% de impuesto sobre la venta	6.5% de impuesto sobre la venta
$67.50			
$98.75			
$399.79			
$1250.00			

Completa la tabla para hallar la comisión por cada venta al centavo más cercano.

2.

Cantidad de la venta	6% de comisión	9% de comisión	8.5% de comisión
$475.00			
$2450.00			
$12,500.00			
$98,900.00			

3. Alice cobra un sueldo mensual de $315 más una comisión sobre el total de sus ventas. El mes pasado, el total de sus ventas fue de $9640 y ganó un total de $1182.60. ¿Cuál es la tasa de comisión de Alice? _____

4. Phillipe trabaja en una tienda de computación que paga el 12% de comisión, sin salario. ¿Cuánto debe vender Phillipe por semana para ganar $360? _____

5. El precio de compra de un libro es de $35.85. La tasa de impuesto sobre la venta es del 6.5% ¿Cuánto es el impuesto sobre la venta al centavo más cercano? ¿Cuál es el costo total del libro?

_____

6. ¿Quién ganó más en concepto de comisiones este mes? ¿Cuánto ganó? La vendedora A ganó el 11% de $67,530. La vendedora B ganó el 8% de $85,740.

_____

7. Jon ganó $38,000 el año pasado. Gastó $6,840 en entretenimiento. ¿Qué porcentaje de sus ingresos gastó en entretenimiento? _____

8. Los Pumas ganaron el 62% de sus partidos. Ganaron 93 partidos. ¿Cuántos partidos perdieron? _____

Holt Matemáticas

LECCIÓN	**Práctica**
6-7	*Interés simple*

Halla el valor que falta.

1. capital = $125

   tasa = 4%

   tiempo = 2 años

   interés = ?

   _____

2. capital = ?

   tasa = 5%

   tiempo = 4 años

   interés = $90

   _____

3. capital = $150

   tasa = 6%

   tiempo = ? años

   interés = $54

   _____

4. capital = $200

   tasa = ?%

   tiempo = 3 años

   interés = $30

   _____

5. capital = $550

   tasa = ?%

   tiempo = 3 años

   interés = $57.75

   _____

6. capital = ?

   tasa = $3\frac{1}{4}$%

   tiempo = 2 años

   interés = $63.05

   _____

7. Kwang deposita dinero en una cuenta que le da el 5%
de interés simple. Después de dos años, ganó $546 en
intereses. ¿Cuánto dinero depositó?   _____

8. Simón abrió un certificado de depósito con el dinero de su
cheque de bonificación. El banco ofreció el 4.5% de interés
por un depósito a 3 años. Simón calculó que ganaría
$87.75 en intereses para ese momento. ¿Cuánto dinero
depositó para abrir la cuenta?   _____

9. Douglas le pidió un préstamo de $1000 a Patricia.
Acordaron que le devolvería $1150 en 3 años. ¿Cuál era
la tasa de interés del préstamo?   _____

10. ¿Cuál es el interés que se pagó por un préstamo de $800
a una tasa de interés anual del 5% por 9 meses?   _____

Holt Matemáticas

Nombre _____ Fecha _____ Clase _____

Usa el diagrama para identificar cada figura.

1. cuatro puntos

_____

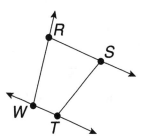

2. una línea

_____

3. un plano

_____

4. tres segmentos

_____

5. cuatro rayos

_____

Usa el diagrama para identificar cada figura.

6. un ángulo recto

_____

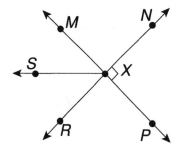

7. dos ángulos agudos

_____

8. dos ángulos obtusos

_____

9. un par de ángulos complementarios

_____

_____

_____

10. tres pares de ángulos suplementarios

_____

_____

_____

En la figura, ∠1 y ∠3 son ángulos opuestos por el vértice y ∠2 y ∠4 también lo son.

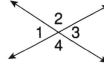

11. Si m∠2 = 110°, halla m∠4.

_____

12. Si m∠1 = *n*°, halla m∠3.

_____

Holt Matemáticas

Práctica

7-2 *Líneas paralelas y perpendiculares*

1. Mide los ángulos formados por las líneas paralelas y la transversal. ¿Qué angulos parecen ser congruentes?

_____

_____

En la figura, línea *m* ∥ línea *n*. Halla la medida de cada ángulo.

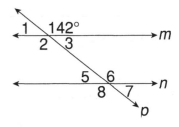

2. ∠1

3. ∠2

4. ∠5

_____

_____

_____

5. ∠6

6. ∠8

7. ∠7

_____

_____

_____

En la figura, línea *a* ∥ línea *b*. Halla la medida de cada ángulo.

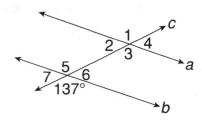

8. ∠2

9. ∠5

10. ∠6

_____

_____

_____

11. ∠7

12. ∠4

13. ∠3

_____

_____

_____

En la figura, línea *r* ∥ línea *s*.

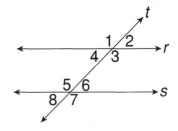

14. Indica todos los ángulos congruentes con ∠2.

_____

15. Indica todos los ángulos congruentes con ∠7.

_____

16. Indica tres pares de ángulos suplementarios.

_____

17. ¿Cuál es la línea transversal?

_____

Holt Matemáticas

Nombre _____ Fecha _____ Clase _____

1. Halla $x°$ en el triángulo rectángulo.

_____

2. Halla $y°$ en el triángulo obtusángulo.

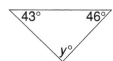

_____

3. Halla $m°$ en el triángulo acutángulo.

_____

4. Halla $n°$ en el triángulo obtusángulo.

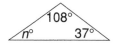

_____

5. Halla $w°$ en el triángulo acutángulo.

_____

6. Halla $t°$ en el triángulo rectángulo.

_____

7. Halla $t°$ en el triángulo escaleno.

_____

8. Halla $x°$ en el triángulo isósceles.

_____

9. Halla $n°$ en el triángulo escaleno.

_____

10. Halla $x°$ en el triángulo isósceles.

_____

11. Halla $y°$ en el triángulo equilátero.

_____

12. Halla $r°$ en el triángulo isósceles.

_____

13. El segundo ángulo de un triángulo mide un tercio del tamaño del primero. El tercer ángulo mide dos tercios del tamaño del primero. Halla las medidas de los ángulos y dibuja una figura posible.

_____

Holt Matemáticas

Nombre _____ Fecha _____ Clase _____

Halla la suma de las medidas de los ángulos de cada figura.

1.

_____

2.

_____

3.

_____

4.

_____

5.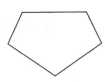

_____

6.

_____

Halla las medidas de los ángulos de cada polígono regular.

7.

_____

8.

_____

9.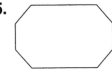

_____

10.

_____

11.

_____

12.

_____

Menciona todos los nombres que correspondan a cada figura.

13.

14.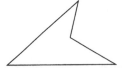

15.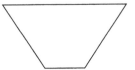

_____   _____   _____

_____   _____   _____

Holt Matemáticas

Práctica

Geometría de coordenadas

Determina si la pendiente de cada línea es positiva, negativa, 0 o indefinida. Luego, halla la pendiente de cada línea.

1. $\overleftrightarrow{AB}$

2. $\overleftrightarrow{CD}$

3. $\overleftrightarrow{RS}$

4. $\overleftrightarrow{TC}$

5. $\overleftrightarrow{DR}$

6. $\overleftrightarrow{TX}$

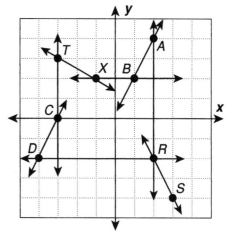

7. ¿Qué líneas son paralelas?

_____

8. ¿Qué líneas son perpendiculares?

_____

Representa gráficamente el cuadrilátero con los vértices dados. Menciona todos los nombres que correspondan al cuadrilátero.

9. $(-1, 1), (4, 1), (1, -3), (-4, -3)$

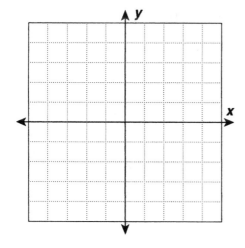

Halla las coordenadas del vértice que falta.

10. rombo *ABCD* con *A*(0, 4), *B*(4, 1), y *C*(0, –2)

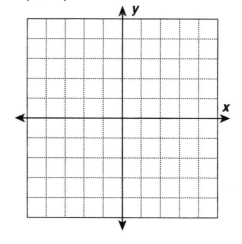

Holt Matemáticas

LECCIÓN
7-6

Práctica
Congruencia

Escribe un enunciado de congruencia para cada par de polígonos.

1.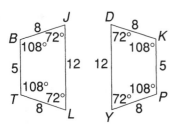

2.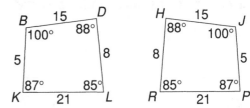

_____

_____

_____

_____

3.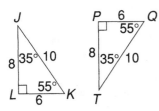

4.

_____

_____

_____

_____

En la figura, triángulo *PRT* ≅ triángulo *FJH*.

5. Halla *a*.

6. Halla *b*.

_____

_____

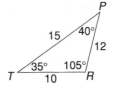

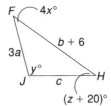

7. Halla *c*.

8. Halla *x*.

_____

_____

9. Halla *y*.

10. Halla *z*.

_____

_____

Holt Matemáticas

LECCIÓN **Práctica**

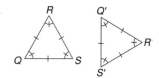 *Transformaciones*

Identifica si cada ejercicio es una traslación, una rotación, una reflexión o ninguna de las tres cosas.

1.

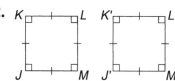

_____

2.

_____

Dibuja la imagen del rectángulo *ABCD* con vértices (−2, 1), (−1, 3), y (3, 3), (2, 1) después de cada transformación.

3. traslación de 3 unidades hacia abajo

4. rotación de 180° alrededor de (0, 0)

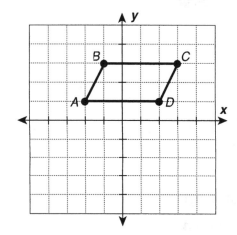

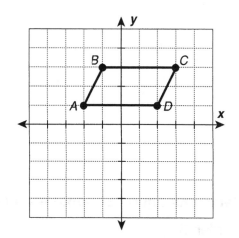

El triángulo *ABC* tiene los vértices *A*(−3, 1), *B*(2, 4), y *C*(3, 1). Halla las coordenadas de la imagen de cada punto después de la transformación.

5. reflexión sobre el eje *x*, punto *B*

6. traslación de 6 unidades hacia abajo, punto *A*

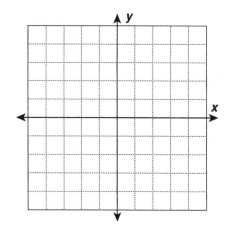

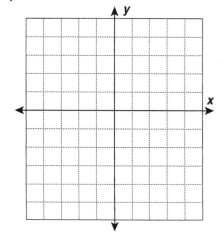

_____

_____

Nombre _____ Fecha _____ Clase _____

Completa cada figura. La línea discontinua es el eje de simetría.

1.

2.

3.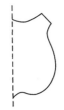

4.

5.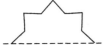

6.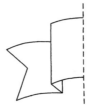

Completa cada figura. El punto es el centro de rotación.

7. de orden 5

8. de orden 4

9. de orden 2

10. de orden 2

Holt Matemáticas

Nombre _____ Fecha _____ Clase _____

LECCIÓN **Práctica**
7-9 *Teselados*

1. Crea un teselado con el cuadrilátero *ABCD*.

2. Usa rotaciones para crear una variación del teselado del Ejercicio 1.

3. Crea un teselado con el hexágono ABCDEF.

4. Usa rotaciones para crear una variación del teselado del ejercicio 3.

Holt Matemáticas

Nombre _____ Fecha _____ Clase _____

Práctica

8-1 Perímetro y área de rectángulos y paralelogramos

Halla el perímetro de cada figura.

1.

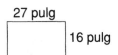

27 pulg

16 pulg

2.

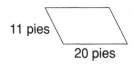

11 pies

20 pies

3.

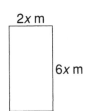

2x m

6x m

_____ _____ _____

Representa gráficamente y halla el área de cada figura con los vértices dados.

4. $(-3, 4), (3, 4), (3, -4), (-3, -4)$

5. $(-1, 3), (2, 3), (-1, -4), (-4, -4)$

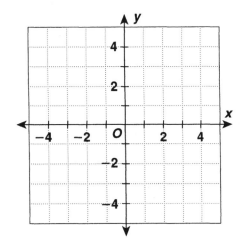

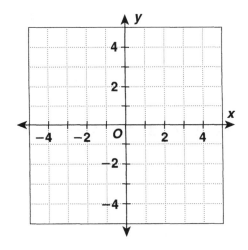

_____ _____

6. Pinturas Sloppi e Hijos cobra $1.50 a sus clientes por pie cuadrado. ¿Cuánto cobrará para pintar las habitaciones de esta casa si las paredes de las habitaciones miden 9 pies de altura?

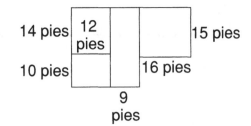

14 pies   12 pies   15 pies

10 pies   16 pies

9 pies

_____

Holt Matemáticas

Nombre_____ Fecha_____ Clase_____

8-2 *Perímetro y área de triángulos y trapecios*

Halla el perímetro de cada figura.

1.

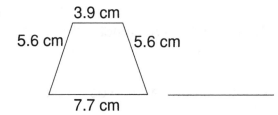

3.9 cm
5.6 cm   5.6 cm
7.7 cm   _____

2.

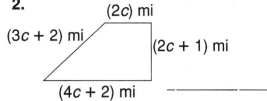

(2c) mi
(3c + 2) mi   (2c + 1) mi
(4c + 2) mi   _____

Halla la medida que falta para cada figura con el perímetro dado.

3. triángulo con un
perímetro de
54 unidades

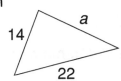

a
14
22

_____

4. trapecio con un
perímetro de
34 unidades

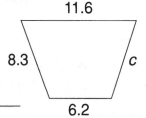

11.6
8.3   c
6.2

_____

Representa gráficamente y halla el área de cada figura con los vértices dados.

5. (−1, 3), (4, 3), (4, −4), (−4, −4)

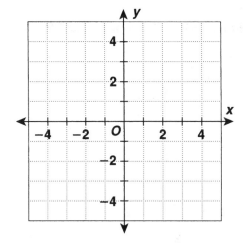

6. (−1, 2), (−4, −2), (4, −2)

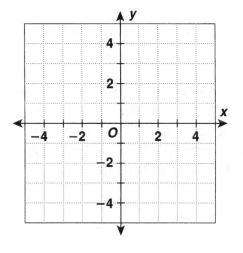

_____   _____

7. Los dos lados más cortos de un banderín con forma de triángulo
rectángulo miden 10 pulgadas y 24 pulgadas. Hank quiere poner
una cinta de color alrededor del borde del banderín. ¿Cuántas
pulgadas de cinta necesita?

_____

Holt Matemáticas

Nombre _____ Fecha _____ Clase _____

Práctica

Círculos

Halla la circunferencia de cada círculo en función de π y a la décima más cercana. Usa 3.14 para π.

1. círculo con un radio de 10 pulg

_____

2. círculo con un diámetro de 13 cm

_____

3. círculo con un diámetro de 18 m

_____

4. círculo con un radio de 15 pies

_____

5. círculo con un radio de 11.5 pulg

_____

6. círculo con un diámetro de 16.4 cm

_____

Halla el área de cada círculo en función de π y a la décima más cercana. Usa 3.14 para π.

7. círculo con un radio de 9 pulg

_____

8. círculo con un diámetro de 14 cm

_____

9. círculo con un radio de 20 pies

_____

10. círculo con un diámetro de 17 m

_____

11. círculo con un diámetro de 15.4 m

_____

12. círculo con un diámetro de 22 yd

_____

13. Representa gráficamente un círculo con centro (0, 0) que pasa por el punto (0, −3). Halla el área y la circunferencia en función de π y a la décima más cercana. Usa 3.14 para π.

_____

_____

_____

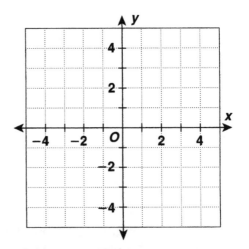

14. Una rueda tiene un radio de $2\frac{1}{3}$ pies. ¿Qué distancia recorre aproximadamente si completa 60 revoluciones? Usa $\frac{22}{7}$ para π.

_____

Holt Matemáticas

Práctica

8-4 *Cómo dibujar figuras tridimensionales*

1. Nombra los vértices, aristas y caras de la figura tridimensional que se muestra a continuación.

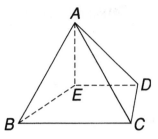

_____

aristas: _____

caras: _____

2. Dibuja la figura que tenga las siguientes vistas superior, frontal y lateral.

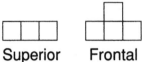

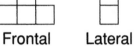

Superior   Frontal   Lateral

3. Dibuja las vistas frontal, superior y lateral de la figura.

Holt Matemáticas

Nombre_____ Fecha _____ Clase _____

Práctica
Volumen de prismas y cilindros

Halla el volumen de cada figura a la décima más cercana.
Usa 3.14 para π.

1.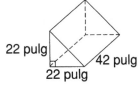

22 pulg
42 pulg
22 pulg

_____

2.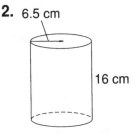

6.5 cm

16 cm

_____

3.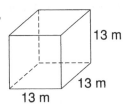

13 m

13 m

13 m

_____

4.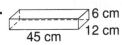

6 cm
12 cm
45 cm

_____

5.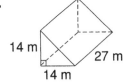

10 m

28 m   18 m

_____

6.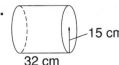

15 cm

32 cm

_____

7.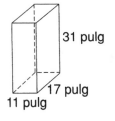

31 pulg

17 pulg

11 pulg

_____

8.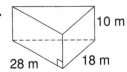

14 m

27 m

14 m

_____

9.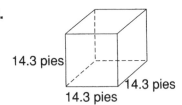

14.3 pies

14.3 pies

14.3 pies

_____

10. Un cilindro tiene un radio de 6 pies y una altura de 25 pies.
Explica si triplicar la altura triplicará el volumen del cilindro.

_____

_____

11. Los ladrillos de los edificios actuales en Estados Unidos son bloques rectangulares
de dimensiones estándar de aproximadamente 5.7 cm por 9.5 cm por 20.3 cm.
¿Cuál es el volumen de un ladrillo a la décima de unidad más cercana?

_____

12. Ian fabrica velas. El molde cilíndrico mide 8 pulg de altura y el diámetro de la
base mide 3 pulg. Halla el volumen de una vela terminada a la décima de
unidad más cercana.

_____

Holt Matemáticas

Práctica

LECCIÓN 8-6 *Volumen de pirámides y conos*

**Halla el volumen de cada figura a la décima más cercana.
Usa 3.14 para π.**

1.

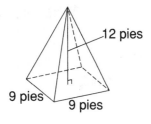

12 pies

9 pies   9 pies

_____

2.

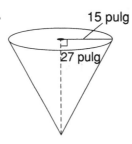

15 pulg

27 pulg

_____

3.

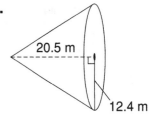

20.5 m

12.4 m

_____

4.

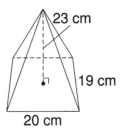

23 cm

19 cm

20 cm

_____

5.

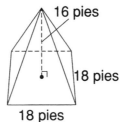

16 pies

18 pies

18 pies

_____

6.

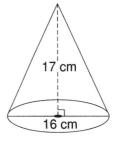

17 cm

16 cm

_____

7. La base de una pirámide regular tiene un área de 28 pulg². La altura de la pirámide es de 15 pulg. Halla el volumen. _____

8. El radio de un cono mide 19.4 cm y su altura es de 24 cm. Halla el volumen del cono a la décima más cercana. _____

9. Halla el volumen de una pirámide rectangular si su altura mide 13 m y los lados de la base miden 12 m y 15 m. _____

10. Un embudo tiene un diámetro de 9 pulg y 16 pulg de profundidad. Usa una calculadora para hallar el volumen del embudo a la centésima más cercana. _____

11. Una pirámide cuadrangular tiene una altura de 18 cm y cada lado de la base mide 12 cm. Explica si triplicar la altura triplicaría el volumen de la pirámide.

_____

_____

_____

Holt Matemáticas

Nombre _____ Fecha _____ Clase _____

Práctica
Área total de prismas y cilindros

Halla el área total de cada figura a la décima más cercana.
Usa 3.14 para π.

1.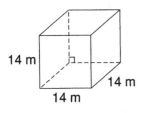
32 pies / 15 pies

_____

2.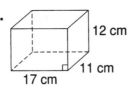
12 cm / 11 cm / 17 cm

_____

3.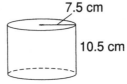
15 pulg / 9 pulg / 22 pulg / 12 pulg

_____

4.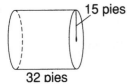
14 m / 14 m / 14 m

_____

5.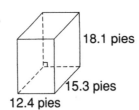
7.5 cm / 10.5 cm

_____

6.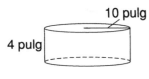
16.5 pies / 17.8 pies / 30 pies

_____

7.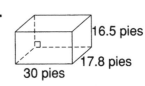
10 pulg / 4 pulg

_____

8.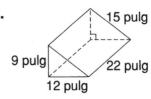
18.1 pies / 15.3 pies / 12.4 pies

_____

9.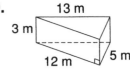
13 m / 3 m / 12 m / 5 m

_____

10. Halla el área total de un prisma rectangular con una altura de 15 m y lados de 14 m y 13 m a la décima más cercana. _____

11. Halla el área total de un cilindro de 61.7 pies de altura que tiene un diámetro de 38 pies a la décima más cercana. _____

12. Henry quiere pintar el cielorraso y las paredes de su sala de estar. Un galón de pintura cubre 450 pies^2. La habitación mide 24 pies por 18 pies y las paredes miden 9 pies de altura. ¿Cuántos galones enteros de pintura necesitará Henry para pintar la sala de estar? _____

13. Un prisma rectangular mide 18 pulg por 16 pulg por 10 pulg. Explica el efecto, si lo hubiera, de triplicar las dimensiones sobre el área total de la figura.

_____

_____

Holt Matemáticas

Nombre_____ Fecha_____ Clase_____

Práctica
Área total de pirámides y conos

**Halla el área total de cada figura a la décima más cercana.
Usa 3.14 para π.**

1.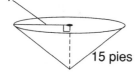
12 pies
15 pies

2.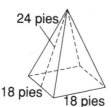
24 pies
18 pies   18 pies

_____

3.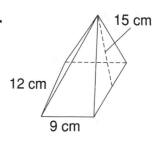
15 cm
12 cm
9 cm

_____

4.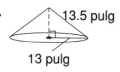
13.5 pulg
13 pulg

5.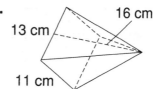
16 cm
13 cm
11 cm

_____

6.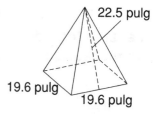
22.5 pulg
19.6 pulg   19.6 pulg

_____

7.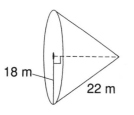
18 m
22 m

8.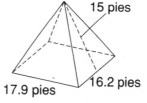
15 pies
17.9 pies   16.2 pies

_____

9.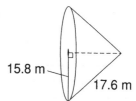
15.8 m
17.6 m

_____

10. Halla el área total de una pirámide cuadrangular regular con
una altura inclinada de 17 m y un perímetro de base de 44 m. _____

11. Halla la longitud de la altura inclinada de una pirámide cuadrangular
si un lado de la base mide 15 pies y el área total es de 765 pies². _____

12. Halla la longitud de la altura inclinada de un cono con un radio
de 15 cm y un área total de 1884 cm². _____

13. Un cono tiene un diámetro de 12 pies y una altura inclinada
de 20 pies. Explica si triplicar ambas dimensiones triplica el
área total.

_____

_____

_____

Holt Matemáticas

Nombre_____ Fecha_____ Clase_____

Halla el volumen de cada esfera en función de π y a la décima más cercana. Usa 3.14 para π.

1. r = 9 pies

2. r = 21 m

3. d = 30 cm

_____

_____

4. d = 24 cm

5. r = 15.4 pulg

6. r = 16.01 pies

_____

_____

Halla el área total de cada esfera en función de π y a la décima más cercana. Usa 3.14 para π.

7.
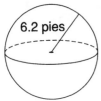
6.2 pies

8.
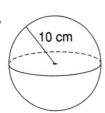
10 cm

9.
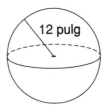
12 pulg

_____

_____

10.
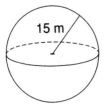
15 m

11.
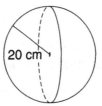
20 cm

12.
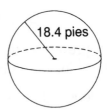
18.4 pies

_____

_____

13. De las pruebas de atletismo, el lanzamiento de bala es una. En este juego se arroja una pesada esfera o bala lo más lejos posible. La bala viene de distintos tamaños, pesos y materiales. Halla el volumen y el área total de una bala con un diámetro de 5.5 cm en función de π y a la décima más cercana.

_____

Holt Matemáticas

Práctica
8-10 Hacer dibujos a escala de figuras tridimensionales

**Se construye un cubo de 10 pulg con cubos más pequeños,
cada uno de 2 pulg de lado. Compara los siguientes valores.**

1. El largo de los lados de los dos cubos

_____

_____

2. El área total de los dos cubos

_____

_____

3. El volumen de los dos cubos

_____

_____

**Se construye un cubo de 9 cm con cubos más pequeños, cada
uno de 3 cm de lado. Compara los siguientes valores.**

4. La longitud de los lados de los dos cubos

_____

_____

5. El área total de los dos cubos

_____

6. El volumen de los dos cubos

_____

7. Las dimensiones de un depósito son 120 pies de largo, 180 pies de ancho
   y 60 pies de alto. El modelo a escala usado para construir el depósito mide
   20 pulg de largo. Halla el ancho y la altura del modelo a escala.

_____

8. Una máquina tarda 40 segundos en llenar una caja cúbica con lados que
   miden 10 pulg. ¿Cuánto le llevará a la misma máquina llenar una caja
   cúbica con lados que miden 15 pulg?

_____

Holt Matemáticas

LECCIÓN
9-1

Práctica
Muestras y encuestas

Identifica el método de muestreo que se usa.

1. En los controles de seguridad de los aeropuertos se pide a algunas personas que se separen de la fila para realizar una inspección más minuciosa. Estas personas no han hecho necesariamente nada malo y no son elegidos de acuerdo a una regla en particular.

   _____

2. En la marca de una milla de una maratón, un cronometrador anuncia el tiempo que ha transcurrido cada vez que diez corredores pasan a su lado. Un estadístico registra los tiempos que se anuncian.

   _____

3. Un geólogo visita 10 lagos en la región elegidos al azar y recolecta muestras de tierra en áreas, también elegidas al azar, a lo largo de las costas de cada lago.

   _____

Identifica la población y la muestra. Explica por qué la muestra puede ser no representativa.

4. En una convención de profesores de ciencias, se pide a varios de los presentes que indiquen su materia favorita en la escuela superior.

   población _____

   muestra _____

   posible error _____

5. Los donantes que participan de una campaña de donación de sangre reciben una modesta cantidad de dinero por su donación. Antes de la extracción, deben responder un cuestionario para ver si están en condiciones de donar sangre.

   población _____

   muestra _____

   posible error _____

6. Varios entrevistadores encuestan a las chicas pelirrojas en un centro comercial para ver si hay alguna correlación entre la personalidad y el cabello rojo.

   población _____

   muestra _____

   posible error _____

Nombre _____ Fecha _____ Clase _____

Práctica

9-2 Cómo organizar datos

1. Usa un diagrama de acumulación para organizar los datos sobre las distancias que recorren los estudiantes para ir a la escuela.

Distancias que recorren los estudiantes para ir a la escuela (mi)

2	8	6	10	5	4	6	8	3	2
11	5	1	3	6	5	7	5	2	4

Haz una lista con los valores de los datos del diagrama de tallo y hojas.

2. 2 | 0 1 5 7
   3 | 2 2 9
   4 | 5 6 7 9
   5 | 1 3   Clave: 5 | 1 = 51

   _____

   _____

3. Usa los datos dados para hacer un diagrama doble de tallo y hojas.

Posición final de la temporada 2000-2001 de la división de la región central de la NBA

Equipo en la NBA	Victorias	Derrotas	Equipo en la NBA	Victorias	Derrotas
San Antonio Spurs	58	24	Houston Rockets	45	37
Utah Jazz	53	29	Denver Nuggets	40	42
Dallas Mavericks	53	29	Vancouver Grizzlies	23	59
Minnesota Timberwolves	47	35			

Victorias		Derrotas

Clave:

4. Haz un diagrama de Venn para mostrar cuántas estudiantes de octavo grado pertenecían tanto a un equipo como a un club.

Equipo	sí	no	sí	no	sí	sí	sí	no	no	sí	no	no
Club	sí	sí	no	sí	sí	no	sí	sí	sí	no	no	sí

Holt Matemáticas

Nombre _____ Fecha _____ Clase _____

Práctica
9-3 *Medidas de tendencia dominante*

Halla la media, la mediana, la moda y el rango de cada conjunto de datos.

1. 7, 7, 4, 9, 6, 4, 5, 8, 4

    media: _____

    mediana: _____

    moda: _____

    rango: _____

2. 1.2, 5.8, 3.7, 9.7, 5.5, 0.3, 8.1

    media: _____

    mediana: _____

    moda: _____

    rango: _____

3. 31, 28, 31, 30, 31, 30, 31, 31, 30, 31, 30, 31

    media: _____

    mediana: _____

    moda: _____

    rango: _____

4. 65, 46, 78, 3, 87, 12, 99, 38, 71, 38

    media: _____

    mediana: _____

    moda: _____

    rango: _____

Determina y halla la medida de tendencia dominante o el rango más adecuado para cada situación. Consulta la tabla de la derecha para los Ejercicios del 5 al 7.

5. ¿Qué medida describe mejor el valor medio de los datos?

_____

6. ¿Cuál es la magnitud de terremoto que ocurrió con mayor frecuencia?

_____

7. ¿Cuál es la amplitud de los datos?

_____

Algunos de los terremotos de mayor magnitud en la historia de Estados Unidos

Año	Lugar	Magnitud
1812	Missouri	7.9
1872	California	7.8
1906	California	7.7
1957	Alaska	8.8
1964	Alaska	9.2
1965	Alaska	8.7
1983	Idaho	7.3
1986	Alaska	8.0
1987	Alaska	7.9
1992	California	7.6

8. Nicole compró combustible 8 veces durante los últimos dos meses. Los precios por galón que pagó cada vez son los siguientes: $2.19, $2.14, $2.28, $2.09, $2.01, $1.99, $2.19 y $2.39. ¿Qué medida hace que los precios parezcan más bajos?

Holt Matemáticas

LECCIÓN **Práctica**
9-4 *Variabilidad*

Halla el primer y el tercer cuartil de cada conjunto de datos.

1. 37, 48, 56, 35, 53, 41, 50

primer cuartil: _____

tercer cuartil: _____

2. 18, 20, 34, 33, 16, 44, 42, 27

primer cuartil: _____

tercer cuartil: _____

Usa los siguientes datos para hacer una gráfica de mediana y rango.

3. 55, 46, 70, 36, 43, 45, 52, 61

4. 23, 34, 31, 16, 38, 42, 45, 30, 28, 25, 19, 32, 53

Usa las gráficas de mediana y rango para comparar los conjuntos de datos.

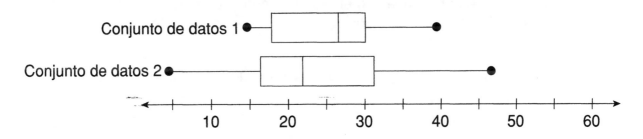

5. Compara las medianas y los rangos.

_____

_____

_____

6. Compara los rangos de la primera mitad de los datos de cada conjunto.

_____

_____

Holt Matemáticas

Práctica

Cómo presentar datos

1. Haz una gráfica de doble barra.

Horas diarias trabajadas	6	7	8	9	10	11	12
Equipo A	4	3	6	1	3	1	2
Equipo B	5	5	4	3	2	0	1

Horas diarias trabajadas por dos equipos

Frecuencia

Horas trabajadas

2. Usa los datos para hacer un histograma con intervalos de 5.

Mesada semanal de 20 estudiantes

$5	$15	$2	$10
$12	$12	$10	$15
$10	$5	$6	$4
$8	$7	$20	$7
$5	$4	$5	$9

Cantidad de estudiantes

Mesada (dólares)

3. Haz una gráfica de doble línea con el siguiente conjunto de datos. Usa la gráfica para estimar la cantidad de estaciones de radio y sistemas de televisión por cable que había en el año 2002.

Medios de difusión comerciales en Estados Unidos

Año	Estaciones de radio	Sistemas de TV
1997	10,207	10,950
1999	10,444	10,700
2001	10,516	9,924
2003	10,605	9,339

Medios de difusión comerciales en EE. UU.

Cantidad de empresas

Año

Holt Matemáticas

LECCIÓN
9-6
Práctica
Gráficas y estadísticas engañosas

Explica por qué cada una de las siguientes gráficas es engañosa.

1.
**En las calles
Cantidad de camiones que recorren
las calles de la ciudad**

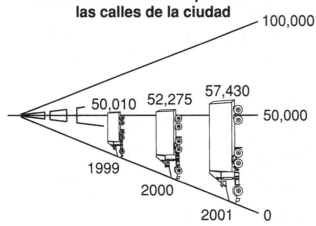

_____

_____

_____

_____

_____

_____

_____

_____

_____

2. **Salarios mínimos nacionales por hora desde 1980**

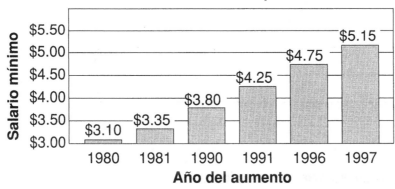

_____

_____

_____

Explica por qué la siguiente estadística es engañosa.

3. Una empresa de goma de mascar anuncia que el sabor de su nueva goma de mascar dura un promedio de 55 minutos y se basa en los siguientes datos que brindaron los clientes: 12 min, 33 min, 5 min, 200 min y 25 min.

_____

_____

Holt Matemáticas

Nombre _____ Fecha _____ Clase _____

1. Usa los siguientes datos para hacer un diagrama de dispersión.

Edificios altos en ciudades de EE.UU.

Edificio	Ciudad	Pisos	Altura (metros)
Torre Sears	Chicago	110	442
Empire State	Nueva York	102	381
Bank of America Plaza	Atlanta	55	312
Library Tower	Los Ángeles	75	310
Tower Key	Cleveland	57	290
Centro Columbia Seafirst	Seattle	76	287
NationsBank Plaza	Dallas	72	281
Centro Corporativo del NationsBank	Charlotte	60	265

Edificios altos en ciudades de EE.UU.

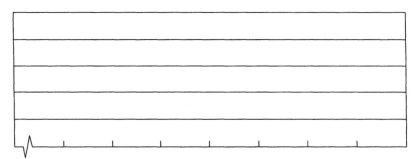

¿Estos conjuntos de datos tienen una correlación positiva, negativa o no hay correlación?

2. La temperatura exterior y la cantidad de barquillos de helado vendidos

_____

3. El tiempo pasado en la bañera y la temperatura del agua del baño

_____

4. Usa los datos para predecir el porcentaje de estadounidenses que eran dueños de una casa en 1955.

Porcentaje de estadounidenses propietarios de casas

Año	1950	1960	1970	1980	1990
Porcentaje	55.0%	61.9%	62.9%	64.4%	64.2%

Según los datos, aproximadamente el_____% de los estadounidenses era propietario de una casa en 1955.

Holt Matemáticas

LECCIÓN 9-8 Práctica

Cómo elegir la mejor representación de los datos

1. ¿Qué gráfica representa mejor la cantidad de estudiantes de una clase que eligió las matemáticas como su materia favorita?

Materias favoritas de los estudiantes

Materias favoritas de los estudiantes

10%
40%
30%
20%

▢ Matemáticas
▮ Estudios sociales
☐ Español
■ Lectura

_____

_____

2. ¿Qué gráfica representa mejor la variación del número de abonados a servicios de telefonía celular?

Abonados a teléfonos celulares en EE.UU.
(millones)

Abonados a teléfonos celulares en EE.UU.

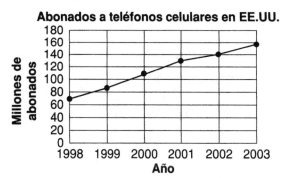

▢ 1998
▮ 1999
☐ 2000
■ 2001
▨ 2002
■ 2003

_____

_____

3. En la tabla se muestran las estaturas de los jugadores de un equipo escolar de básquetbol. Elige una forma apropiada de mostrar los datos y dibuja la gráfica.

Estaturas de los jugadores de básquetbol (pulg)			
70	64	68	71
61	68	65	73

Holt Matemáticas

Nombre_____ Fecha _____ Clase _____

Éstos son los resultados del último examen de matemáticas. El maestro determinó que quienes obtuvieran más de 70 puntos aprobarían el examen. Indica la probabilidad para la puntuación dada.

Puntuación	65	70	80	90	100
Cantidad de estudiantes	5	3	12	10	2

1. $P(70)$ **2.** $P(100)$ **3.** $P(80)$ **4.** P(aprobado)

_____   _____   _____   _____

5. P(puntuación > 80) **6.** $P(60)$ **7.** P(no aprobado)   **8.** P(puntuación ≤ 80)

_____   _____   _____   _____

Un juego de boliche consiste en arrojar una bola y derribar hasta 5 bolos. Se cuenta la cantidad de bolos derribados. En la tabla se indica la probabilidad de cada resultado.

Cantidad de bolos derribados	0	1	2	3	4	5
Probabilidad	0.175	0.189	0.264	0.205	0.132	0.035

9. ¿Cuál es la probabilidad de derribar los 5 bolos?

_____

10. ¿Cuál es la probabilidad de no derribar ningún bolo?

_____

11. ¿Cuál es la probabilidad de derribar como máximo 2 bolos?

_____

12. ¿Cuál es la probabilidad de derribar al menos 2 bolos?

_____

13. ¿Cuál es la probabilidad de derribar más de 3 bolos?

_____

Holt Matemáticas

Nombre _____ Fecha _____ Clase _____

Práctica

Probabilidad experimental

1. Se lanzó un dado 150 veces. Los resultados se muestran en la siguiente tabla. Estima la probabilidad para cada resultado.

Resultado	1	2	3	4	5	6
Frecuencia	33	21	15	36	27	18
Probabilidad						

Una sala de cine vende palomitas de maíz en paquetes pequeños, medianos, grandes y gigantes. Los clientes de la primera exhibición compran 4 paquetes pequeños, 20 medianos, 40 grandes y 16 gigantes. Estima la probabilidad de compra de cada uno de los distintos tamaños de paquetes de palomitas.

2. *P*(paquete pequeño)

3. *P*(paquete mediano)

_____

_____

4. *P*(paquete grande)

5. *P*(paquete gigante)

_____

_____

Janessa encuestó a 154 estudiantes sobre su deporte invernal favorito.

Resultado	Frecuencia
Esquí	46
Trineo	21
Snowboard	64
Patinaje sobre hielo	14
Otros	9

6. Usa los datos de la tabla para comparar la probabilidad de que un estudiante elija snowboard con la probabilidad de que elija esquí.

_____

7. Usa los datos de la tabla para comparar la probabilidad de que un estudiante elija patinar sobre hielo con la probabilidad de que elija montar un trineo.

_____

8. El presidente de la clase hizo 75 copias de un volante para anunciar la obra teatral de la escuela. Se descubrió que había 8 copias defectuosas. Estima la probabilidad de que un volante esté bien impreso.

_____

Holt Matemáticas

Práctica
10-3 Usar una simulación

Usa la tabla de números aleatorios para resolver los siguientes problemas.

8125	4764	7693	3675	1642	7988	7048	9135	3138	3256
9566	4413	7215	7992	4320	7438	3805	5473	8847	2397
7336	5393	8623	8570	5095	5685	6695	3570	3605	4656
6470	6065	8239	2953	5942	6496	8899	0701	5368	2106
5210	2570	8137	3587	3578	6657	6636	7188	5717	1770
4329	4110	2655	8258	9928	3873	5609	3695	7091	0368
5315	2654	0484	4601	4336	6624	5403	5870	8545	3905
2361	9097	3753	2498	0544	0923	6099	1737	4025	1221
2677	7741	5342	9844	3722	5120	8742	1382	2842	7386
3292	5084	1130	2747	0664	9718	6072	9432	7008	2024

El señor Domino le entregó el mismo examen a sus tres clases de matemáticas. En las primeras dos clases, 80% de los estudiantes aprobaron el examen. Si en la tercera clase hay 20 estudiantes, estima cuántos van a aprobar el examen.

1. Usando la primera hilera como la primera prueba, cuenta los resultados exitosos e indica los resultados que no tuvieron éxito.

_____

2. Cuenta e indica los resultados exitosos en la segunda hilera como segunda prueba.

_____

Determina los resultados exitosos en las hileras restantes de la tabla de números aleatorios.

3. tercera hilera　　4. cuarta hilera　　5. quinta hilera　　6. sexta hilera

_____　　_____　　_____　　_____

7. séptima hilera　　8. octava hilera　　9. novena hilera　　10. décima hilera

_____　　_____　　_____　　_____

11. Basándote en la simulación, estima la probabilidad de que el 80% de la clase apruebe el examen de matemáticas. _____

Holt Matemáticas

Práctica

LECCIÓN 10-4 *Probabilidad teórica*

Un experimento consiste en lanzar un dado.
Halla la probabilidad de que ocurra cada suceso.

1. $P(3)$

_____

2. $P(7)$

_____

3. $P(1$ ó $4)$

_____

4. $P(\text{no } 5)$

_____

5. $P(< 5)$

_____

6. $P(> 4)$

_____

7. $P(2$ o impar$)$

_____

8. $P(\leq 3)$

_____

Un experimento consiste en lanzar dos dados.
Halla la probabilidad de que ocurra cada suceso.

9. $P(\text{total} = 3)$

_____

10. $P(\text{total} = 7)$

_____

11. $P(\text{total} = 9)$

_____

12. $P(\text{total} = 2)$

_____

13. $P(\text{total} = 4)$

_____

14. $P(\text{total} = 13)$

_____

15. $P(\text{total} > 8)$

_____

16. $P(\text{total} \leq 12)$

_____

17. $P(\text{total} < 7)$

_____

18. En una bolsa hay 9 monedas de 1 centavo, 8 monedas de
5 centavos y 5 monedas de 10 centavos. ¿Cuántas monedas
de 25 centavos habría que agregar a la bolsa para que
la probabilidad de sacar una moneda de 10 centavos sea $\frac{1}{6}$? _____

19. En un juego se lanzan dos cubos numéricos. Para tener
el, primer turno es necesario obtener un total de 6, 7 u 8.
¿Cuál es la probabilidad de que obtengas el primer turno? _____

Holt Matemáticas

Práctica

Sucesos independientes y dependientes

Determina si los sucesos son dependientes o independientes.

1. elegir una corbata y una camisa del armario _____

2. elegir un mes y arrojar una moneda _____

3. lanzar dos dados una vez y luego volver a lanzarlos si la
primera vez salió el mismo número en los dos dados _____

Un experimento consiste en lanzar un dado y una moneda.

4. Halla la probabilidad de que salga un 5 en el dado y cruz
en la moneda. _____

5. Halla la probabilidad de que salga un número par en el dado
y cara en la moneda. _____

6. Halla la probabilidad de que salga un 2 o un 3 en el dado
y cara en la moneda. _____

**En una caja hay 3 canicas rojas, 6 canicas azules y 1 blanca. Las
canicas se seleccionan al azar, de a una por vez, y no se reemplazan.
Halla la probabilidad.**

7. *P*(azul y rojo)

8. *P*(blanco y azul)

9. *P*(rojo y blanco)

_____ _____ _____

10. *P*(rojo, blanco
y azul)

11. *P*(rojo, rojo
y azul)

12. *P*(rojo, azul
y azul)

_____ _____ _____

13. *P*(rojo, rojo
y rojo

14. *P*((blanco, azul
y azul)

15. *P*(blanco, rojo
y blanco)

_____ _____ _____

Holt Matemáticas

Práctica

Cómo tomar decisiones y hacer predicciones

**Una tienda de deportes vende botellas de agua de diferentes colores.
En la tabla se muestran los colores de las últimas 200 botellas vendidas.
El gerente piensa hacer un pedido de 1800 botellas de agua adicionales.**

Botellas de agua vendidas

Color	Cantidad
Roja	30
Azul	50
Verde	25
Amarilla	10
Morada	10
Transparente	75

1. ¿Cuántas botellas de color rojo debe pedir el gerente? _____

2. ¿Cuántas botellas de color verde debe pedir el gerente? _____

3. ¿Cuántas botellas transparentes debe pedir el gerente? _____

4. Si la rueda de la fortuna cae en 10, el jugador se lleva
un gran peluche. Supongamos que la rueda gira 30 veces.
Predice cuántos peluches se entregarán._____

Decide si es un juego justo.

5. Se lanzan dos dados numerados del 1 al 6.
El jugador A gana si saca dos números iguales.
El jugador B gana si saca dos números distintos.

_____

6. Se lanzan dos dados numerados del 1 al 6. Se suman los números.
El jugador A gana si la suma da 5 o menos de 5. El jugador B gana
si la suma da 9 o más.

_____

7. Se lanzan tres monedas. El jugador A gana sólo si cae una sola
cruz. De no ser así, gana el jugador B.

_____

Holt Matemáticas

Práctica

Probabilidades a favor y en contra

En una bolsa hay 9 canicas rojas, 5 canicas verdes y 6 moradas.

1. Halla *P*(canica roja)　　　**2.** Halla *P*(canica verde)　　　**3.** Halla *P*(canica morada)

_____　　　_____　　　_____

4. Halla las probabilidades a favor de que salga una canica roja.

_____

5. Halla las probabilidades en contra de que salga una canica roja.

_____

6. Halla las probabilidades a favor de que salga una canica verde.

_____

7. Halla las probabilidades en contra de que salga una canica verde.

_____

8. Halla las probabilidades a favor de que salga una canica morada.

_____

9. Halla las probabilidades en contra de que salga una canica morada.

_____

10. Halla las probabilidades a favor de que no salga una canica verde.

_____

11. Halla las probabilidades a favor de que salga una canica roja o morada.

_____

12. Si la probabilidad de que Helena gane el concurso es de $\frac{2}{5}$, ¿cuáles son las probabilidades a favor de que Helena gane el concurso?

_____

13. Las probabilidades de que Bruins gane la Copa Stanley son de 5 a 4. ¿Cuál es la probabilidad de que Bruins gane la Copa Stanley?

_____

Holt Matemáticas

Práctica

Principios de conteo

Los códigos de identificación de los empleados de una compañía consisten en 2 letras seguidas de 2 números. Todos los códigos son igualmente probables.

1. Halla la cantidad de códigos de identificación posibles.

2. Halla la probabilidad de que te asignen el código MT49.

3. Halla la probabilidad de que un código de identificación de la compañía no tenga a la letra *A* en la segunda posición del código.

4. Halla la probabilidad de que un código de identificación de la compañía no tenga el número 2.

5. La señora Sharpe está planificando las cenas de la próxima semana. Las opciones para la entrada son rosbif, pavo o cerdo. Las opciones de carbohidratos son puré de papas, papas al horno o fideos. Las opciones de verduras son brócolis, espinacas o zanahorias. Haz un diagrama de árbol que indique los posibles resultados de cada entrada.

6. ¿Cuántas comidas distintas puede preparar la señora Sharpe? _____

Halla la probabilidad de cada uno de los siguientes casos.

7. *P*(cena con papas al horno)

8. *P*(cena con fideos y zanahorias)

9. Mitch compró 2 revistas de deportes, 3 revistas de guitarra y 3 revistas de noticias. ¿Cuántas opciones de revistas puede leer?

Holt Matemáticas

Nombre_____ Fecha _____ Clase _____

Práctica
10-9 *Permutaciones y combinaciones*

Evalúa cada expresión.

1. 10!

2. 13!

3. 11! − 8!

_____

_____

_____

4. 12! − 9!

5. $\dfrac{15!}{8!}$

6. $\dfrac{18!}{12!}$

_____

_____

_____

7. $\dfrac{13!}{(17 - 12)!}$

8. $\dfrac{19!}{(15 - 2)!}$

9. $\dfrac{15!}{(18 - 10)!}$

_____

_____

_____

10. La señalización es un método para comunicarse a través de señales u objetos. En los tiempos de la Revolución estadounidense, los colonos emplearon combinaciones de un barril, una cesta y una bandera ubicados en distintas posiciones encima de un poste. ¿Cuántas señales distintas podían enviarse con 3 banderas, una sobre la otra en un poste, si había 8 banderas distintas disponibles?

_____

11. De una clase de 25 estudiantes, ¿de cuántas formas distintas se puede elegir a 4 estudiantes para que hagan las veces de juez, abogado defensor, fiscal y acusado?

_____

12. ¿Cuántas comisiones con 4 integrantes distintos se pueden formar con un grupo de 15 personas?

_____

13. El equipo femenino de básquetbol tiene 12 jugadoras. Si el entrenador elige 5 chicas para que jueguen por vez, ¿cuántos equipos distintos se pueden armar?

_____

14. Un fotógrafo tiene 50 fotografías para colocar en un álbum. ¿Entre cuántas combinaciones deberá elegir el fotógrafo si se colocan 6 fotografías en la primera página?

_____

Holt Matemáticas

Práctica

Cómo simplificar expresiones algebraicas

Combina los términos semejantes.

1. $8a - 5a$

2. $12g + 7g$

3. $4a + 7a + 6$

_____

_____

_____

4. $6x + 3y + 5x$

5. $10k - 3k + 5h$

6. $3p - 7q + 14p$

_____

_____

_____

7. $3k + 7k + 5k$

8. $5c + 12d - 6$

9. $13 + 4b + 6b - 5$

_____

_____

_____

10. $4f + 6 + 7f - 2$

11. $x + y + 3x + 7y$

12. $9n + 13 - 8n - 6$

_____

_____

_____

Simplifica.

13. $4(x + 3) - 5$

14. $6(7 + x) + 5x$

15. $3(5 + 3x) - 4x$

_____

_____

_____

Resuelve.

16. $6y + 2y = 16$

17. $14b - 9b = 35$

18. $3q + 9q = 48$

_____

_____

_____

19. Gregg tiene q monedas de 25 centavos y p monedas de 1 centavo.
Su hermano tiene el cuádruple de monedas de 25 centavos y 8 veces la
cantidad de monedas de 1 centavo que tiene Gregg. Escribe la suma de
la cantidad de monedas que tienen y combina los términos semejantes.

_____

20. Si Gregg tiene 6 monedas de 25 centavos y 15 monedas de 1 centavo,
¿cuántas monedas tienen en total Gregg y su hermano?

_____

Holt Matemáticas

Nombre_____ Fecha _____ Clase_____

Práctica

Cómo resolver ecuaciones de varios pasos

Resuelve.

1. $2x + 5x + 4 = 25$

_____

2. $9 + 3y - 2y = 14$

_____

3. $16 = 4w + 2w - 2$

_____

4. $26 = 3b - 2 - 7b$

_____

5. $31 + 4t - t = 40$

_____

6. $14 - 2x + 4x = 20$

_____

7. $\frac{5m}{8} - \frac{6}{8} + \frac{3m}{8} = \frac{2}{8}$

_____

8. $-4\frac{2}{3} = \frac{2n}{3} + \frac{1}{3} + \frac{n}{3}$

_____

9. $7a + 16 - 3a = -4$

_____

10. $\frac{x}{2} + 1 + \frac{3x}{4} = -9$

_____

11. $7m + 3 - 4m = -9$

_____

12. $\frac{2x}{5} + 3 - \frac{4x}{5} = \frac{1}{5}$

_____

13. $\frac{7k}{8} - \frac{3}{4} - \frac{5k}{16} = \frac{3}{8}$

_____

14. $6y + 9 - 4y = -3$

_____

15. $\frac{5a}{6} - \frac{7}{12} + \frac{3a}{4} = -2\frac{1}{6}$

_____

16. Un ángulo mide 28° más que su complemento. Halla la medida de cada ángulo.

_____

17. Un ángulo tiene 21° más que el doble de su suplemento. Halla la medida de cada ángulo.

_____

18. El perímetro del triángulo mide 126 unidades. Halla la medida de cada lado.

_____

_____

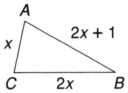

19. Los ángulos de la base de un triángulo isósceles son congruentes. Si cada uno de los ángulos de la base mide el doble que el tercer ángulo, halla las medidas de los tres ángulos.

_____

Holt Matemáticas

LECCIÓN **Práctica**

11-3 *Cómo resolver ecuaciones con variables en ambos lados*

Resuelve.

1. $7x - 11 = -19 + 3x$

2. $11a + 9 = 4a + 30$

3. $4t + 14 = \frac{6t}{5} + 7$

_____

_____

_____

4. $19c + 31 = 26c - 74$

5. $\frac{3y}{8} - 9 = 13 + \frac{y}{8}$

6. $\frac{3k}{5} + 44 = \frac{12k}{25} + 8$

_____

_____

_____

7. $10a - 37 = 6a + 51$

8. $5w + 9.9 = 4.8 + 8w$

9. $15 - x = 2(x + 3)$

_____

_____

_____

10. $15y + 14 = 2(5y + 6)$

11. $14 - \frac{w}{8} = \frac{3w}{4} - 21$

12. $\frac{1}{2}(6x - 4) = 4x - 9$

_____

_____

_____

13. $4(3d - 2) = 8d - 5$

14. $\frac{y}{3} + 11 = \frac{y}{2} - 3$

15. $\frac{2x - 9}{3} = 8 - 3x$

_____

_____

_____

16. El resultado de la diferencia entre 48 y cierto número es igual al resultado de la diferencia entre el cuádruple de dicho número y 7. Halla el número.

_____

17. El cuadrado y el triángulo equilátero que se encuentran a la derecha tienen el mismo perímetro. Halla la longitud de los lados del triángulo.

_____

$x + 5$

Holt Matemáticas

Nombre _____ Fecha _____ Clase _____

Práctica

Cómo resolver desigualdades mediante la multiplicación o la división

Resuelve y representa gráficamente.

1. $\dfrac{m}{-5} \le 4$

_____

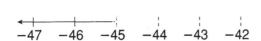

2. $-16 < -8n$

_____

3. $7p \ge 49$

_____

4. $10 > \dfrac{q}{2}$

_____

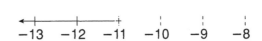

5. $-\dfrac{r}{3} \le 15$

_____

6. $22 > -2s$

_____

7. $-6t < -24$

_____

8. $\dfrac{v}{20} \ge 2$

_____

9. En una excursión de buceo, Antonia se sumergió a una profundidad al menos 7 veces mayor que la de Lucy. Si Antonia se sumergió 35 pies bajo la superficie del océano, ¿cuál fue la profundidad máxima a la que descendió Lucy?

_____

10. La semana pasada, Saúl corrió más de un quinto de la distancia que recorrió su amigo Omar. Si Saúl corrió 14 millas la semana pasada, ¿cuánto corrió Omar?

_____

Holt Matemáticas

Nombre _____ Fecha _____ Clase _____

Resuelve y representa gráficamente.

1. $4x - 2 < 26$

_____

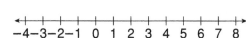

2. $6 - \frac{1}{5}y \le 7$

_____

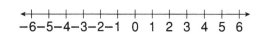

3. $2x + 27 \ge 15$

_____

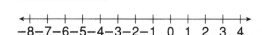

4. $10x > 14x + 8$

_____

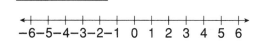

5. $7 - 4w \le 19$

_____

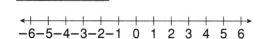

6. $\frac{k}{5} + \frac{3}{20} < \frac{3}{10}$

7. $4.8 - 9.6x \le 14.4$

_____

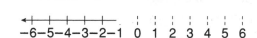

8. $\frac{2}{9} + \frac{y}{3} > \frac{1}{3}$

_____

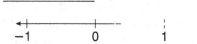

9. La diferencia entre el tercio de un número y 36 es al menos 22. Halla el número.   _____

10. Jack quiere correr al menos 275 millas antes de que comience la temporada de béisbol. Ya ha corrido 25 millas. Piensa correr 2.5 millas por día. A este ritmo, ¿cuál es la menor cantidad de días que va a necesitar para alcanzar su objetivo?   _____

Holt Matemáticas

Práctica

Sistemas de ecuaciones

Resuelve cada sistema de ecuaciones.

1. $y = 2x - 4$
$\quad y = x - 1$

_____

2. $y = -x + 10$
$\quad y = x + 2$

_____

3. $y = 2x - 1$
$\quad y = -3x - 6$

_____

4. $y = 2x$
$\quad y = 12 - x$

_____

5. $y = 2x - 3$
$\quad y = 2x + 1$

_____

6. $y = 3x - 1$
$\quad y = x + 1$

_____

7. $x + y = 0$
$\quad 5x + 2y = -3$

_____

8. $2x - 3y = 0$
$\quad 2x + y = 8$

_____

9. $2x + 3y = 6$
$\quad 4x + 6y = 12$

_____

10. $6x - y = -14$
$\quad 2x - 3y = 6$

_____

11. La suma de dos números da 24. El segundo número es
6 unidades menor que el primero. Escribe un sistema
de ecuaciones y resuélvelo para hallar el número.

_____

15. Kerry y Luke recorrieron en bicicleta un total de 18 millas en un
fin de semana. Kerry recorrió 4 millas más que Luke. Escribe un
sistema de ecuaciones y resuélvelo para hallar la distancia que
recorrió cada uno.

_____

Holt Matemáticas

Nombre _____ Fecha _____ Clase _____

Representa gráficamente cada ecuación e indica si es lineal.

1. $y = -2x - 5$

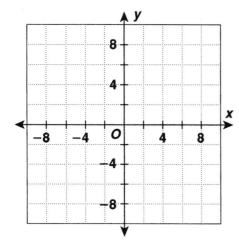

_____

2. $y = -x^2 + 1$

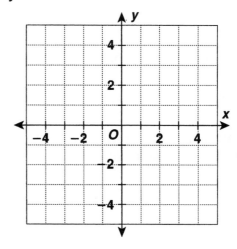

_____

3. $y = x^2 - 7$

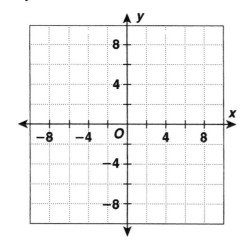

_____

4. $y = \frac{1}{2}x - 1$

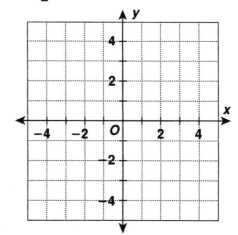

_____

5. La comisión de un agente de bienes raíces puede basarse en la ecuación $C = 0.06v + 450$, donde v representa las ventas totales. Si el agente vende una propiedad en $125,000, ¿qué comisión le corresponde? Representa gráficamente la ecuación e indica si es lineal.

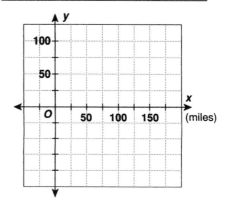

_____

Holt Matemáticas

LECCIÓN **Práctica**
12-2 *Pendiente de una línea*

Halla la pendiente de la línea que pasa por cada par de puntos.

1. $(-2, -8), (1, 4)$ **2.** $(-2, 0), (0, 4),$ **3.** $(0, 4), (4, 4)$ **4.** $(3, -6), (2, -4)$

_____   _____   _____   _____

5. $(-3, 4), (3, -4)$ **6.** $(3, 0), (0, -6),$ **7.** $(3, 2), (3, -2)$ **8.** $(-4, 4), (3, -1)$

_____   _____   _____   _____

Determina si en cada gráfica se muestra una tasa de cambio constante o variable. Explica tu razonamiento.

9.
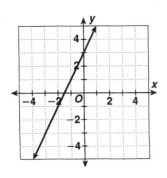

10.
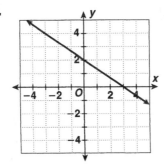

11.
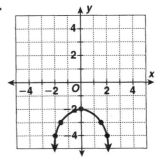

_____   _____   _____

_____   _____   _____

_____   _____   _____

_____   _____   _____

12. En la tabla se muestra la distancia que recorrió la señorita Long cuando fue a la playa. Usa los datos para hacer una gráfica. Halla la pendiente de la línea y explica lo que muestra.

Tiempo (min)	Distancia (mi)
8	6
12	9
16	12
20	15

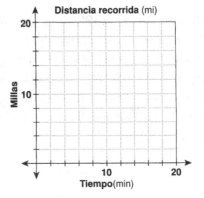

_____

_____

_____

_____

Holt Matemáticas

LECCIÓN 12-3 **Práctica**

Usar la pendiente y la intersección

Halla la intersección con el eje *x* y la intersección con el eje *y* para cada línea. Usa las intersecciones para representar gráficamente la ecuación.

1. $x - y = -3$

2. $2x + 3y = 12$

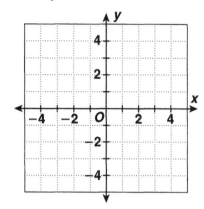

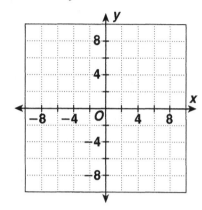

_____

_____

Escribe cada ecuación en forma de pendiente-intersección y luego halla la pendiente y la intersección con el eje *y*.

3. $3x + y = 0$

4. $2x - y = -15$

5. $x - 5y = 10$

Escribe la ecuación de la línea que pasa por cada par de puntos en forma de pendiente-intersección.

6. $(3, 4)$, $(4, 6)$

7. $(-1, -1)$, $(2, -10)$

8. $(6, 5)$, $(-9, -20)$

9. Una pizzería cobra $8 por una pizza grande de queso, más $2 por cada sabor agregado. El precio total de una pizza grande está dado por la ecuación $C = 2t + 8$, donde *t* es la cantidad de sabores adicionales. Identifica la pendiente y la intersección con el eje *y*, y úsalas para representar gráficamente la ecuación para *t* entre 0 y 5 sabores.

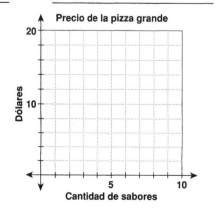

Holt Matemáticas

Práctica
Forma de punto y pendiente

Usa la forma de punto y pendiente de cada ecuación para identificar un punto por el que pasa la línea y su pendiente.

1. $y - 2 = 4(x - 1)$

2. $y + 1 = 2(x - 3)$

3. $y - 4 = -3(x + 1)$

4. $y + 5 = -2(x + 6)$

5. $y + 4 = -9(x + 3)$

6. $y - 7 = -7(x - 7)$

7. $y - 10 = 6(x - 8)$

8. $y + 12 = 2.5(x + 4)$

9. $y + 8 = \frac{1}{2}(x - 3)$

Escribe la forma de punto y pendiente de la ecuación con la pendiente dada que pasa por el punto indicado.

10. La recta con pendiente −1 que pasa por (2, 5)

11. La recta con pendiente 2 que pasa por (−1, 4)

12. La recta con pendiente 4 que pasa por (−3, −2)

13. La recta con pendiente 3 que pasa por (7, −6)

14. La recta con pendiente −3 que pasa por (−6, 4)

15. La recta con pendiente −2 que pasa por (5, 1)

16. Michael manejaba a una velocidad constante de 60 mph cuando cruzó el río Sandy. Una hora después, pasó por la señal de la milla 84. Escribe una ecuación en forma de punto y pendiente e indica qué señal pasará a los 90 minutos de haber cruzado el río Sandy.

Práctica

Variación directa

Haz una gráfica para determinar si en los conjuntos de datos se muestra una variación directa.

1.

x	y
6	9
4	6
0	0
−2	−3
−8	−12

2. Escribe la ecuación de variación directa para el ejercicio 1.

_____

Halla cada ecuación de variación directa, sea que *y* varía con relación a *x*.

3. *y* es 32 cuando *x* es 4

4. *y* es −10 cuando *x* es −20

_____ _____

5. *y* es 63 cuando *x* es −7

6. *y* es 40 cuando *x* es 50

_____ _____

7. *y* es 87.5 cuando *x* es 25

8. *y* es 90 cuando *x* es 270

_____ _____

9. En la tabla se muestra la longitud y el ancho de varias banderas de Estados Unidos. Determina si hay variación directa entre los dos conjuntos de datos. Si la hay, halla la ecuación de variación directa.

Longitud (pies)	2.85	5.7	7.6	9.88	11.4
Ancho (pies)	1.5	3	4	5.2	6

_____

_____

Holt Matemáticas

Práctica

LECCIÓN 12-6 *Representar gráficamente desigualdades de dos variables*

Representa gráficamente cada desigualdad.

1. $y \geq 2x + 3$

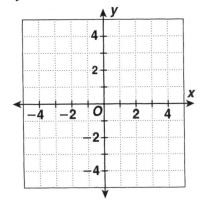

2. $y - 4x \leq 1$

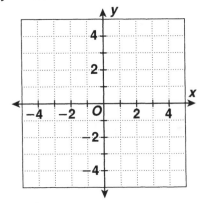

3. $2(3x - y) > 6$

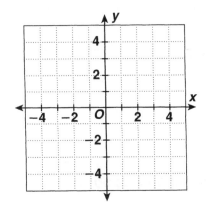

4. $y \geq \frac{3}{4}x - 1$

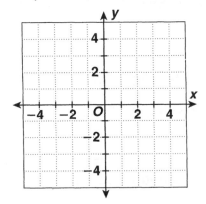

5. a. Un club de teatro espera recaudar al menos $550 en la noche de estreno de su nuevo espectáculo. Las entradas para estudiantes cuestan $2.75 y las entradas para adultos, $5.50. Escribe y representa gráficamente una desigualdad que muestre la cantidad de entradas que cumplirían el objetivo del club.

_____

_____

b. Si el club vende 95 entradas para estudiantes y 40 para adultos, ¿alcanzará su objetivo?

_____

Venta de entradas

Entradas para adultos

Entradas para estudiantes

LECCIÓN **Práctica**
12-7 *Líneas de mejor ajuste*

Marca los datos y halla una línea de mejor ajuste.

1.

x	20	30	50	60	80	90	110	120
y	13	20	40	54	75	82	100	112

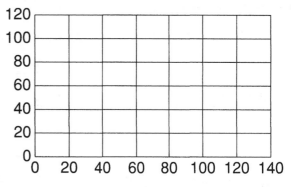

_____

2.

x	1.9	2.9	4.8	2.5	3.9	2.3	6.3	3.4
y	26	34	58	31	52	27	76	48

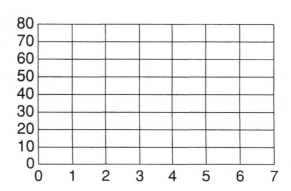

_____

3. Halla la línea de mejor ajuste para los datos de matrícula de estudiantes. Usa la ecuación de la línea para predecir cuál será la matrícula de la escuela secundaria Columbus en el año 10. ¿Es razonable hacer esta predicción? Explica.

Matrícula	405	485	557	593	638	712
Año	1	2	3	4	5	6

_____

_____

_____

_____

_____

_____

_____

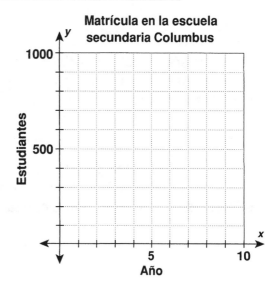

Holt Matemáticas

Nombre _____ Fecha _____ Clase _____

Determina si cada sucesión puede ser aritmética. Si es aritmética, da la diferencia común.

1. 18, 20, 22, 24, 26, …

_____

2. 48, 42, 36, 30, 24, …

_____

3. 15, 30, 60, 120, 240, …

_____

4. 10.4, 8.3, 6.2, 4.1, 2, …

_____

5. $\frac{1}{3}, \frac{1}{9}, \frac{1}{27}, \frac{1}{81}, \frac{1}{243}, \ldots$

_____

6. 83, 66, 49, 32, 15, …

_____

7. 8.1, 2.7, 0.9, 0.3, 0.1, …

_____

8. $\frac{2}{3}, \frac{4}{3}, 2, \frac{8}{3}, \frac{10}{3}, \ldots$

_____

9. −58, −35, −12, 11, 34, …

_____

Halla el término dado en cada sucesión aritmética.

10. 14to término: 60, 68, 76, 84, 92, …

_____

11. 35to término: 3.5, 3.8, 4.1, 4.4, 4.7, …

_____

12. 21er término: 103, 84, 65, 46, 27, …

_____

13. 22do término: −2, −5, −8, −11, −14, …

_____

14. 16to término: 73, 44, 15, −14, −43, …

_____

15. 50mo término: −9, 2, 13, 24, 35, …

_____

16. 19no término: −87, −78, −69, −60, −51, …

_____

17. 25to término: $3\frac{1}{4}, 3\frac{1}{2}, 3\frac{3}{4}, 4, 4\frac{1}{4}, \ldots$

_____

18. Una cocinera preparó 26 onzas de salsa especial. Usó 1.4 onzas de salsa en cada plato y le sobraron 2.2 onzas. ¿Cuántos platos preparó con la salsa?

_____

19. Kuang comenzó la temporada de básquetbol con 54 puntos en su carrera. Marca 3 puntos más en cada partido. ¿Cuántos partidos tiene que jugar para alcanzar un total de 132 puntos?

_____

Holt Matemáticas

Práctica

Términos de sucesiones geométricas

Determina si cada sucesión puede ser geométrica. Si es geométrica, da la razón común.

1. 4, 16, 64, 256, 1024, …

2. $3, \frac{3}{2}, \frac{3}{4}, \frac{3}{8}, \frac{3}{16}, \ldots$

3. 5, 10, 15, 20, 25, …

_____

_____

_____

4. 3, 18, 108, 648, 3888, …

5. 1250, 125, 12.5, 1.25, 0.125, …

6. 10, 15, 22.5, 33.75, 50.625, …

_____

_____

_____

7. $36, 12, 4, \frac{4}{3}, \frac{4}{9}, \ldots$

8. 1440, 720, 240, 60, 12, …

9. 9, 3, 1, 0.5, 0.25, …

_____

_____

_____

Halla el término dado en cada sucesión geométrica.

10. 6to término: 25, 75, 225, 675, …

11. 10mo término: 320, 160, 80, 40, …

_____

_____

12. 9no término: 4.5, 9, 18, 36, …

13. 7mo término: 0.02, 0.2, 2, 20, …

_____

_____

14. 12do término: $\frac{1}{1000}, \frac{1}{100}, \frac{1}{10}, 1, \ldots$

15. 8vo término: $\frac{3}{8}, \frac{3}{4}, \frac{3}{2}, 3, \ldots$

_____

_____

16. En un experimento, la población de moscas se triplica cada semana. El experimento comienza con 12 moscas. ¿Cuántas habrá al final de la quinta semana?

_____

17. Un pequeño comercio ganó $21 el primer mes. Cuadruplicó esta cantidad durante varios de los meses siguientes. ¿Cuánto ganó el comercio en el cuarto mes?

_____

Holt Matemáticas

Práctica

LECCIÓN 13-3 *Otras sucesiones*

Usa las primeras y las segundas diferencias para hallar los tres términos siguientes en cada sucesión.

1. 3, 6, 10, 15, 21, …

2. 11, 14, 18, 25, 37, …

3. 10, 16, $22\frac{1}{3}$, 29, 36, …

4. 14.5, 22.5, 31, 40, 49.5, …

Halla los tres términos siguientes de la sucesión usando la regla más simple que puedas hallar.

5. 6, 7, 10, 19, 38, …

6. 0.5, 2, 4.5, 8, 12.5, …

7. 36, 55, 80, 111, 148, …

8. 3, 10, 21, 36, 55, …

9. 1, 6, 15, 28, 45, …

10. 0, 11, 30, 57, 92, …

Halla los primeros cinco términos de cada sucesión definida por la regla dada.

11. $a_n = \dfrac{n^2 + 2}{n}$

12. $a_n = \dfrac{5n - 2}{n + 1}$

13. $a_n = \dfrac{3n^2}{n + 2}$

14. Supongamos que *a*, *b*, y *c* son tres números consecutivos en la sucesión de Fibonacci. Completa la siguiente tabla y adivina el patrón.

a, b, c	ab	bc
1, 1, 2		
2, 3, 5		
5, 8, 13		
13, 21, 34		
34, 55, 89		

Holt Matemáticas

LECCIÓN **Práctica**

13-4 *Funciones lineales*

Determina si cada función es lineal.

1. $f(x) = -3x + 2$

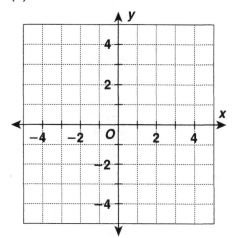

_____

2. $f(x) = x^2 - 1$

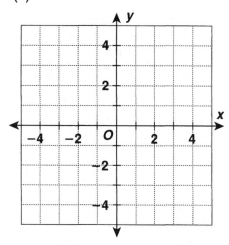

_____

Escribe una regla para cada función lineal.

3.

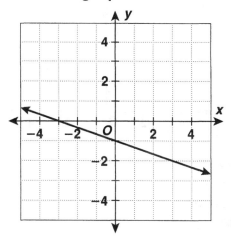

_____

4.

x	y
−3	16
−1	12
3	4
7	−4

_____

5. En la tienda El Suéter, cada suéter cuesta un 20% más que el precio al por mayor más un margen de $8. Halla una regla para una función lineal que dé cuenta del precio de los suéteres de la tienda. Usa la regla para determinar el precio de un suéter con un precio al por mayor de $24.50.

_____

_____

Holt Matemáticas

Nombre _____ Fecha _____ Clase _____

Práctica
Funciones exponenciales

Crea una tabla para cada función exponencial y úsala para representar gráficamente la función.

1. $f(x) = 0.5 \cdot 4^x$

x	y
−1	$y = 0.5 \cdot 4^{-1} = 0.125$
0	
1	
2	

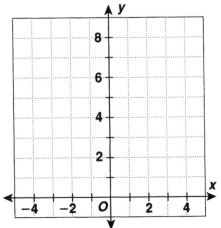

2. $f(x) = \frac{1}{3} \cdot 3^x$

x	y
−1	$y = \frac{1}{3} \cdot 3^{-1} = \frac{1}{9}$
0	
1	
2	

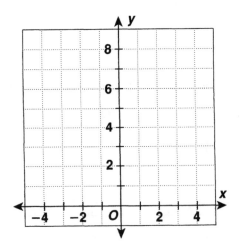

3. Un departamento de ingeniería forestal introduce 500 peces en un lago. Se espera que la población de peces crezca a una tasa de 35% por año. Escribe una función exponencial para calcular la cantidad de peces que habrá al final de cada año. Predice cuántos peces habrá en el lago al cabo de 5 años. _____

4. El valor de ciertos bonos valuados en $756 se ha reducido a una tasa constante de 4% por año durante los últimos años. Si esta reducción continúa, predice cuál será el valor de los bonos al cabo de tres años. _____

5. El salario inicial de Todd en su nuevo trabajo es de $400 por semana. Le han prometido un aumento de 3% de su salario por año. Predice, redondeando al dólar más cercano, cuál será el salario anual de Todd al cabo de 4 años.

_____

Holt Matemáticas

Práctica

13-6 *Funciones cuadráticas*

Crea una tabla para cada función cuadrática y úsala para hacer una gráfica.

1. $f(x) = x^2 - 5$

x	$f(x) = x^2 - 5$
-3	$f(-3) = (-3)^2 - 5 = 4$
-1	
0	
2	
3	

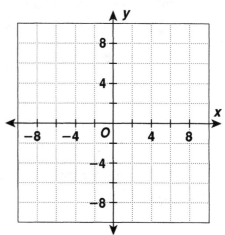

2. $f(x) = x^2 - 2x + 3$

x	$f(x) = x^2 - 2x + 3$
3	
2	
1	
0	
-1	

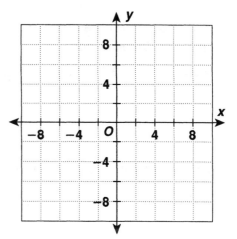

3. Halla $f(-3)$, $f(0)$, $f(3)$ para cada función cuadrática.

	$f(-3)$	$f(0)$	$f(3)$
$f(x) = x^2 - 2x + 1$			
$f(x) = x^2 - 6$			
$f(x) = x^2 - x + 3$			

4. La función $f(t) = -4.9t^2$ indica la distancia en metros que recorre un objeto cuando cae hacia la Tierra en t segundos. Halla la distancia que recorre un objeto en 1, 2, 3, 4 y 5 segundos. (Toma en cuenta que la distancia que recorre un objeto que cae se representa con un número negativo).

Holt Matemáticas

LECCIÓN **Práctica**

13-7 *Variación inversa*

Indica si cada relación es una variación inversa.

1. En la tabla se muestra la longitud y el ancho de ciertos rectángulos.

Longitud	6	8	12	16	24
Ancho	8	6	4	3	2

_____

2. En la tabla se muestra la cantidad de días necesarios para
pintar una casa según la cantidad de trabajadores.

Cantidad de trabajadores	2	3	4	5	6
Días de trabajo	21	14	10.5	8.5	7

_____

3. En la tabla se muestra el tiempo que una persona viajó a
distintas velocidades.

Horas	5	6	8	9	12
mph	72	60	45	40	30

_____

Representa gráficamente cada función de variación inversa.

4. $f(x) = \dfrac{4}{x}$

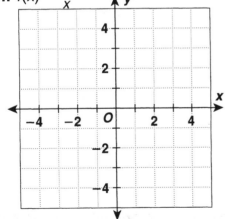

5. $f(x) = \dfrac{5}{x}$

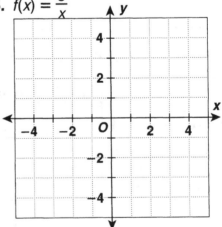

6. Los amperios (se abrevia amp) miden la intensidad de corriente eléctrica.
El ohmio es la unidad de resistencia eléctrica. En un circuito eléctrico, la
corriente varía inversamente con relación a la resistencia. Si la corriente
es de 24 amp cuando la resistencia es de 20 ohmios, halla
la función de variación inversa y úsala para hallar la
resistencia en ohmios cuando la corriente es de 40 amp. _____

Holt Matemáticas

Nombre _____ Fecha _____ Clase _____

LECCIÓN 14-1 **Práctica**
Polinomios

Determina si las siguientes expresiones son monomios.

1. $-135x^5$

2. $2.4x^3y^{19}$

3. $\dfrac{2p^2}{q^3}$

4. $3r^{\frac{1}{2}}$

5. $43a^2b^{6.1}$

6. $\dfrac{7}{9}x^2yz^5$

Indica si las expresiones son monomios, binomios, trinomios o si no son polinomios.

7. $-8.9xy + \dfrac{6}{y^5}$

8. $\dfrac{9}{8}ab^8c^2d$

9. $x^8 + x + 1$

10. $-7pq^{-2}r^4$

11. $5n^{15} - 9n + \dfrac{1}{3}$

12. $r^8 - 5.5r^{75}$

Halla el grado de cada polinomio.

13. $7 - 14x$

14. $5a + a^2 + \dfrac{6}{7}a^3$

15. $7w - 16u + 3v$

16. $9p - 9q - 9p^3 - 9q^2$

17. $z^9 + 10y^8 - x$

18. $100{,}050 + \dfrac{4}{5}k - k^4$

19. El volumen de una caja de altura x, longitud $x - 1$, y ancho $2x + 2$ está dado por el trinomio $2x^3 - 2x$. ¿Cuál es el volumen de la caja si mide 4 pies de altura?

20. El trinomio $-16t^2 + 32t + 32$ describe la altura en pies de una pelota que se lanza hacia arriba luego de t segundos. ¿Qué altura alcanza la pelota pasados los $\dfrac{5}{8}$ de segundos desde que fue lanzada?

Holt Matemáticas

Identifica los términos semejantes en cada polinomio.

1. $x^2 - 8x + 3x^2 + 6x - 1$

2. $2c^2 + d^3 + 3d^3 - 2c^2 + 6$

3. $2x^2 - 2xy - 2y^2 + 3xy + 3x^2$

4. $2 - 9x + x^2 - 3 + x$

5. $xy - 5x + y - x + 10y - 3y^2$

6. $6p + 2p^2 + pq + 2q^3 - 2p$

7. $3a + 2b + a^2 - 5b + 7a$

8. $10m - 3m^2 + 9m^2 - 3m - m^3$

Simplifica.

9. $2h - 9hk + 6h - 6k$

10. $9(x^2 + 2xy - y^2) - 2(x^2 + xy)$

11. $7qr - q^2r^3 + 2q^2r^3 - 6qr$

12. $8v^4 + 3v^2 + 2v^2 - 16$

13. $3(x + 2y) + 2(2x - 3y)$

14. $7(1 - x) + 3x^2y + 7x - 7$

15. $6(9y + 1) + 8(2 - 3y)$

16. $a^2b - a^2 + ab^2 - 3a^2b + ab$

17. Un estudiante de la clase de Tracey propuso la siguiente expresión: $y^3 - 3y + 4(y^2 - y^3)$. Usa la propiedad distributiva para escribir una expresión equivalente.

Holt Matemáticas

Nombre _____ Fecha _____ Clase _____

Práctica

LECCIÓN 14-3 *Cómo sumar polinomios*

Suma.

1. $(a^2 + a + 3) + (15a^2 + 2a + 9)$

2. $(5x + 2x^2) + (3x - 2x^2)$

_____

_____

3. $(mn - 10 + mn^2) + (5 + 3mn - 4mn^2)$ **4.** $(7y^2z + 9 + yz^2) + (y^2z - 2yz^2)$

_____

_____

5. $(s^3 + 3s - 3) + (2s^3 + 9s - 2) + (s - s^3)$

_____

6. $(6wv - 4w^2v + 7wv^2) + (5w^2v - 7wv^2) + (wv^2 - 5wv + 6w^2v)$

_____

7. $(6b^2c^2 - 4b^2c + 3bc) + (9b^2c^2 - 4bc + 12) + (2b^2c - 3bc - 8)$

_____

8. $(7e^2 + 3e + 2) + (9 - 6e + 4e^2) + (9e + 2 - 6e^2) + (4e^2 - 7e + 8)$

_____

9. $(f^4g - fg^3 + 2fg - 4) + (3fg^3 + 3) + (4f^4g - 5fg) + (3 - 12fg^3 + f^4g)$

_____

10. Seis bloques de $4h + 4$ de altura cada uno y 3 bloques de
$8 - 2h$ de altura cada uno están apilados uno sobre el otro para
formar una gran torre. Halla una expresión para la altura total de
la torre.

_____

Holt Matemáticas

LECCIÓN **Práctica**

14-4 *Cómo restar polinomios*

Halla el opuesto de cada polinomio.

1. $18xy^3$

2. $-9a + 4$

3. $6d^2 - 2d - 8$

_____   _____   _____

Resta.

4. $(4n^3 - 4n + 4n^2) - (6n + 3n^2 - 8)$ **5.** $(-2h^4 + 3h - 4) - (2h - 3h^4 + 2)$

_____   _____

6. $(6m + 2m^2 - 7) - (-6m^2 - m - 7)$ **7.** $(17x^2 - x + 3) - (14x^2 + 3x + 5)$

_____   _____

8. $w + 7 - (3w^4 + 5w^3 - 7w^2 + 2w - 10)$

_____

9. $(9r^3s - 3rs + 4rs^3 + 5r^2s^2) - (2rs^2 - 2r^2s^2 + 6rs + 7r^3s - 9)$

_____

10. $(3qr^2 - 2 + 14q^2r^2 - 9qr) - (-10qr + 11 - 5qr^2 + 6q^2r^2)$

_____

11. El volumen de un prisma rectangular, en metros cúbicos, está dado por la expresión $x^3 + 7x^2 + 14x + 8$. El volumen de un prisma rectangular más pequeño está dado por la expresión $x^3 + 5x^2 + 6x$. ¿Cuánto mayor es el volumen del prisma rectangular más grande?

_____

12. Sara tiene una mesa cuya área, en pulgadas cuadradas, está dada por la expresión $y^2 + 30y + 200$. Tiene un mantel con un área, en pulgadas cuadradas, dada por la expresión $y^2 + 18y + 80$. Sara quiere que el mantel cubra la mesa. ¿Qué expresión representa la cantidad de pulgadas cuadradas de tela adicional que necesita para cubrir la mesa?

_____

Holt Matemáticas

LECCIÓN **Práctica**

14-5 *Cómo multiplicar polinomios por monomios*

Multiplica.

1. $(x^2)(-3x^2y^3)$

2. $(-9pr^4)(p^2r^2)$

3. $(2st^9)(-st^2)$

4. $(3efg^2)(-3e^2f^2g)$

5. $2q(4q^2 - 2)$

6. $-x(x^2 + 2)$

7. $5m(-3m^2 + 2m)$

8. $6x(-x^5 + 2x^3 + x)$

9. $-4st(st - 12t - 2s)$

10. $-9ab(a^2 + 2ab - b^2)$

11. $-7v^2w^2(vw^2 + 2vw + 1)$

12. $8p^4(p^2 - 8p + 17)$

13. $4x(-x^2 - 2xy + 3)$

14. $7x^2(3x^2y + 7x^2 - 2x)$

15. $-4t^3r^2(3t^2r - t^5r - 6t^2r^2)$

16. $h^2k(2hk^2 - hk + 7k)$

17. Un triángulo tiene una base de $4x^2$ y una altura de $6x + 3$.
Escribe y simplifica una expresión para determinar el área
del triángulo.

107 **Holt Matemáticas**

Práctica
14-6 *Cómo multiplicar binomios*

Multiplica.

1. $(z + 1)(z + 2)$

2. $(1 - y)(2 - y)$

3. $(2x + 1)(2x + 4)$

_____

_____

_____

4. $(w + 1)(w - 3)$

5. $(3v + 1)(v - 1)$

6. $(t + 2)(2t - 2)$

_____

_____

_____

7. $(-3g + 4)(2g - 1)$

8. $(3c + d)(c - 2d)$

9. $(2a + b)(a + 2b)$

_____

_____

_____

10. Una caja se construye con una hoja de cartón de 1 pulg por 18 pulg recortando de cada esquina un cuadrado que mide *m* pulgadas de lado y doblando los costados hacia arriba. Escribe y simplifica una expresión para determinar el área de la base de la caja.

_____

11. Una mesa está ubicada en una habitación de 14 pies por 18 pies de forma tal que queda un espacio de *s* pies de ancho alrededor de la mesa. Escribe y simplifica una expresión para determinar el área de la mesa.

_____

12. Una alberca circular con un radio de 14 pies está rodeada por una plataforma de *y* pies de ancho. Escribe y simplifica una expresión para determinar el área total de la piscina y la plataforma. Usa $\frac{22}{7}$ para π.

_____

Multiplica.

13. $(r - 2)^2$

14. $(2 + q)^2$

15. $(p + 4)(p - 4)$

_____

_____

_____

16. $(3n - 3)(3n + 3)$

17. $(a + b)(a - b)$

18. $(4e - f)^2$

_____

_____

_____

19. $(2y + z)^2$

20. $(9p - 2)(-2 + 9p)$

21. $(m - 1)^2$

_____

_____

_____

Holt Matemáticas